dtv

Adam Spencer verführt den Leser zu Zahlenspielen von 1 bis 100. Zu jeder Zahl weiß er eine Geschichte, gleichzeitig aber verrät er mathematische Kniffe und stellt Rätsel, die am Ende des Buches gelöst werden. So erfährt man beispielsweise, warum die alten Griechen bezweifelten, dass die 2 eine Zahl ist, welche Rolle die 4 in den unterschiedlichsten Religionen spielt oder warum die Wahrscheinlichkeit, dass 2 Personen am gleichen Tag Geburtstag haben, schon bei einer Anzahl von 23 Leuten höher als 50 Prozent ist.

Adam Spencer hat Mathematik studiert und moderiert in Australien eine Radiosendung sowie Wissenschaftssendungen im Fernsehen. Daneben tritt er regelmäßig in Comedy-Programmen auf.

Adam Spencer

Das Buch der Zahlen

Aus dem Englischen von Regina Karp

Deutscher Taschenbuch Verlag

Deutsche Erstausgabe
Januar 2002
Deutscher Taschenbuch Verlag GmbH & Co. KG, München
www.dtv.de

Titel der australischen Originalausgabe:
Adam Spencer's Book of Numbers
Penguin Books, Australia 2000
ISBN 0-14-028781-7
Deutschsprachige Ausgabe:

Umschlagkonzept: Balk & Brumshagen
Umschlagbild: © Tullio Pericoli
Satz: Fotosatz Reinhard Amann, Aichstetten
Gesetzt aus der Optima 11/13' (QuarkXPress)
Druck und Bindung: Druckerei C. H. Beck, Nördlingen
Gedruckt auf säurefreiem, chlorfrei gebleichtem Papier
Printed in Germany · ISBN 3-423-20489-3

Einleitung

Willkommen zu diesem eigenwilligen Spaziergang durch die Mathematik und die Popkultur der Zahlen von 1 bis 100. Und schon werden Sie sich fragen, wie man um Himmels willen auf eine solche Idee kommen kann. Hier mein Versuch, diese sehr berechtigte Frage zu beantworten.

Erstens liebe ich Zahlen. Und ich sage das mit Stolz. Sich von der Welt der Mathematik faszinieren zu lassen, ist nicht nur etwas für 2000 Jahre alte Professoren mit wirrem Haar oder für Langweiler in Strickjacken mit beigefarbenen Knöpfen. Wir sind immer und überall von Zahlen umgeben, und die Verknüpfungen sind faszinierend. Die Welt der Zahlen ist von versteckten Systemen, Beziehungen und eigenartigen Tatsachen durchdrungen, und viele von ihnen sind verblüffend. Dieses Buch legt auf leicht verständliche Weise eine ganze Reihe dieser tollen Fakten dar und erklärt einige der mathematischen Probleme, die selbst die besten Mathematiker jahrhundertelang fasziniert und verwirrt haben.

Das Beste an diesem Buch ist aber, dass es eine runde Sache ist. Nachdem Sie es gelesen haben, werden Sie, lediglich mit Bleistift und Papier bewaffnet, in der Lage sein, ihren Mitmenschen Hunderte von interessanten Dingen rund um die Welt der Zahlen zu erklären. Stellen Sie sich all die Gäste vor, die Sie bei Dinnerpartys oder bei anderen gesellschaftlichen Anlässen beeindrucken können, wenn Sie ihnen beweisen, dass immer, wenn sich mehr als 23 Menschen in einem Raum befinden, es sehr wahrscheinlich ist, dass 2 davon am gleichen Tag Geburtstag haben.

Nachdem Sie die hier aufgeführten Beispiele gelesen haben, werden Sie hoffentlich eine ebenso innige Beziehung zu den Zahlen haben wie ich. Nun gut, das ist vielleicht ein bisschen zu viel verlangt – aber vielleicht stellen Sie zumindest fest, wie faszinierend die Welt der Zahlen sein kann. Mathe ist nichts, wovor man sich fürchten muss, nicht einmal, wenn man sich an seine Schulzeit erinnert. Es ist eine wundersame und zugleich amüsante Welt – und mit ein bisschen Glück wird dieses Buch Sie auf den Geschmack bringen, so dass Sie Lust auf mehr bekommen.

1 2 3 4 5

Es ist nicht ganz korrekt zu sagen, dass die 1 die »1. Zahl« ist, denn schließlich gibt es negative Zahlen sowie die 0 und Zahlen, die kleiner als 1 sind. Aber es ist sicherlich die 1. Zahl, der die meisten von uns im Leben begegnen, und wahrscheinlich die 1. Zahl, die irgendjemandem irgendwann eingefallen ist. Nun, wer dieser Mensch war, ist unbekannt, aber nachdem er eingesehen hatte, dass man von einer Sache 1 oder 2 haben kann, oder auch kleinere Teile, die nicht wirklich ein Ganzes ergeben, hat dieser ganze verrückte Klamauk, den wir Mathematik nennen, überhaupt erst angefangen.

Manche Dinge passieren nur einmal. Schnecken haben nur einmal in ihrem Leben Sex. Aber lesen Sie bei ➢ 12 nach, dann werden Sie sehen, warum dies für eine Schnecke gar nicht so schlimm ist.

Wir wissen alle, dass 1 x 1 = 1 und 1 x 2 = 2 ist. Tatsächlich gilt 1 x n = n immer, für jede beliebige Zahl n. Deshalb nennt man die 1 die **multiplikative Identität** (wenn man irgendetwas mit 1 multipliziert, bleibt die Identität unverändert).

1-mal pro Jahr – so oft muss jeder Bürger Kentuckys nach dem Gesetz ein Bad nehmen. Aber unter ➢ 71 erfahren Sie, warum die Gesetzgeber in Kentucky besser strenger mit Seifenscheuen umgehen sollten.

Kenny hat in den 1. beiden Staffeln von ›South Park‹ nur 1 Folge überlebt. Ihr Schweine! Siehe auch ➢ 39.

Quizfrage:

Wie heißt die 1. offizielle Folge von ›South Park‹?

Bei allem gibt es ein 1. Mal. Die 1. Toilette, die jemals im Fernsehen gezeigt wurde, war in ›Erwachsen müsste man sein‹ zu sehen. Das 1. Paar, das im Fernsehen zusammen ins Bett ging, waren Lily und Herman Munster.

1 2 3 4 5 6

Ähm ... also: 1 + 1 = 2. Denken Sie jetzt bitte nicht gleich: »Na super, vielen Dank, Adam!« Denn es handelt sich hierbei tatsächlich um eine unglaublich tiefgründige Feststellung, und es erfordert wahnsinnige Anstrengungen, wenn man sie im strengen Sinn beweisen will.

Gerade Zahlen sind als Zahlen definiert, die durch 2 teilbar sind. 2 ist die 1. gerade Zahl.

Also, 15 = 3 x 5 und 77 = 7 x 11, aber 2 kann nur dargestellt werden als 2 = 1 x 2. Deshalb ist 2 eine **Primzahl**. Eine Primzahl ist eine Zahl, die man nicht als Produkt zweier miteinander zu multiplizierender ganzer Zahlen ausdrücken kann, mit Ausnahme von 1 und der Primzahl selbst. 2 ist die einzige gerade Primzahl, denn alle anderen geraden Zahlen sind durch 2 teilbar und können daher keine Primzahlen sein.

Die alten Griechen bezweifelten, dass 2 überhaupt eine Zahl ist, weil sie einen Anfang und ein Ende hat, aber keine Mitte. Da sie eine gerade Zahl ist, galt die 2 als weiblich, genauer gesagt als 1. **weibliche Zahl**.

Yin und Yang sind in der chinesischen Vorstellung, die den Dualismus des Lebens beschreibt, die 2 grundlegenden Prinzipien. Genauso bilden die 2 kleinen Stäbchen, die im I-Ging benutzt werden, ein binäres System. Viele Religionen sind dualistisch, wie zum Beispiel der Zoroastrismus, die alte iranische Religion, mit Ahura Masda, dem Gott des Lichts und der Güte, und Ahriman, dem Prinzip der Finsternis und des Bösen.

Natürlich ist 2 die Grundlage des **binären Systems**. 1725 erfand Basile Bouchon folgende Vorrichtung: eine Rolle perforierten Papiers mit eingestanzten Löchern, die die Fäden eines mechanischen Webstuhls kontrollieren konnte. Nach dem gleichen Prinzip funktioniert auch das Pianola. Später benutzte Charles Babbage das System für seine Rechenmaschine (siehe auch ➢ 79). Dank der binären Formel haben Rechenmaschinen heutzutage alle möglichen Fähigkeiten, sie können sogar grüne Dollarscheine produzieren: Fragen Sie nur Bill Gates.

You Only Live Twice«, sang Nancy Sinatra im Titelsong zu dem gleichnamigen James-Bond-Film ›Man lebt nur zweimal‹. ›Two Tribes‹, 1984 herausgekommen, war die 2. Single der Gruppe Frankie Goes to Hollywood. Genau wie ihr 1. Hit ›Relax‹ stieg sie in den Charts höher als Nummer 2 und wurde die Nummer 1.

2 Leute sind zum Tangotanzen nötig und 8 für eine Quadrille, aber man braucht nur 1 Deppen mit Cowboyhut, damit die Leute anfangen Linedance zu tanzen.

1 2 3 4 5 6 7

Die 3 ist eine **Fibonacci-Zahl**. Das sind die Zahlen der Folge 1, 1, 2, 3, 5, 8, 13, 21 ... Erkennen Sie das Schema? Man addiert 2 aufeinander folgende Zahlen, um die nächste Zahl zu erhalten. Die Fibonacci-Zahlen gehören zu den berühmtesten und am meisten benutzten Zahlen in der Mathematik. Mehr Informationen dazu gibt es unter ➢ 8.

3 Orte nehmen für sich in Anspruch, das größte Ei der Welt zu besitzen: Mentone in Indiana, Newberry in South Carolina und Winlock in Washington. Es ist wirklich nicht überraschend, dass sie alle in den USA liegen ...

Unsere räumliche Welt hat 3 Dimensionen (Länge, Breite und Höhe), und auch die Zeit teilen wir in 3 Abschnitte (Vergangenheit, Gegenwart und Zukunft). Es gibt 3 Primärfarben (Rot, Blau und Gelb) und 3 Aggregatzustände (fest, flüssig und gasförmig). Der Hinduismus kennt Brahma den Schöpfer, Shiva den Zerstörer und Vishnu den Erhalter; und auch die buddhistische Lehre hat 3 Richtungen.

Auf einfache Art kann man feststellen, ob eine Zahl durch 3 teilbar ist: Es ist immer dann der Fall, wenn sich die einzelnen Ziffern, aus denen sie besteht, zu einer Zahl addieren lassen, die durch 3 teilbar ist. Ausnahmen gibt es keine. Also wissen wir, dass 39 123 durch 3 teilbar ist, denn 3 + 9 + 1 + 2 + 3 = 18, und 18 = 3 x 6. Falls Sie mir nicht glauben: 39 123 = 13 041 x 3.

Die Grundlage der Harmonielehre in der westlichen Musik ist der Akkord. Der einfachste ist der Dreiklang. Ein gewöhnlicher Dreiklang besteht aus einer Grundnote, einer Terz und einer Quinte: 3 Noten.

3 ist auch eine sehr beliebte Zahl bei Girl Groups. Denken Sie nur an Martha and the Vandellas, die Ronettes, die Pointer Sisters, die Supremes, TLC, Salt-N-Pepa – und nicht zu vergessen die großartige Gruppe Bananarama aus den 80er Jahren mit ihrem unsterblichen Hit »Robert de Niro's Waiting«. Im Christentum spielt die Zahl 3 ebenso eine große Rolle, denn dort gibt es den Vater, den Sohn und den Heiligen Geist. Nicht, dass das gerade viel mit Bananarama zu tun hätte ...

Quizfrage:

Welche dieser 5 Zahlen sind durch 3 teilbar?
281, 354, 962, 3 742, 138 624 147

1 2 3 4 5 6 7 8

4 = 2 x 2, deshalb ist 4 die erste **Quadratzahl**. Man sagt, 4 ist 2 im Quadrat und schreibt dies 4 = 2^2. Und wenn Sie mal 5 x 5 x 5 schreiben müssen, dann können sie stattdessen auch 5^3 schreiben.

4 ist für die Sioux in Nordamerika die perfekte Zahl: Sie haben 4 Gruppen von Göttern, 4 Tierarten, 4 menschliche Zeitalter, und ihre Medizinmänner raten den Leuten, alles in Vierergruppen zu tun.

Ein DNS-Strang besteht aus einer Kombination von 4 Proteinen: Adenin, Cytosin, Guanin und Thymin.

4 ist die 1. **zusammengesetzte Zahl**, also eine Zahl, die auch durch andere Zahlen als 1 oder als durch sich selbst teilbar ist. Die Pythagoräer bezeichneten Zahlen, die durch 4 teilbar sind, als »gerade-gerade« und assoziierten mit der 4 Harmonie und Gerechtigkeit.

Die Zählsysteme einiger Kulturen basieren auf der Grundzahl 4 (siehe dazu auch ➢10):

4 Finger entsprechen der Maßeinheit »Hand« und 4 Hände der Maßeinheit »Fuß«.

Mithilfe der 4 Mondphasen maß man zum 1. Mal die Zeit, und die 4 Himmelsrichtungen ordneten den Raum. Albert Einsteins Raum-Zeit-Modell ist vierdimensional, allerdings haben spätere Theoretiker festgestellt, dass 4 Dimensionen nicht ausreichen.

Im Denken der Maya war alles auf die 4 Himmelsrichtungen bezogen, die durch ein die 4 Horizonte berührendes Kreuz dargestellt wurden. Im Christentum repräsentieren 4 Erzengel die Himmelsrichtungen, sie stehen für die Macht Gottes, die sich über die ganze Welt erstreckt. Das Kreuz, das entsteht, wenn man die 4 Himmelsrichtungen miteinander verbindet, war im alten Ägypten die Hieroglyphe für die Unsterblichkeit.

Bei den indischen Göttern hat Brahma 4 Köpfe, die die 4 Himmelsrichtungen symbolisieren, während Shiva 4 Arme hat, mit denen er beim Tanz die Welt zerstört und wieder erschafft.

4 Propheten gibt es im Alten Testament, und es gibt 4 Flüsse im Paradies, die nach christlicher Vorstellung die 4 Evangelien des Neuen Testaments vorwegnehmen. Und 4 heilige Bücher gibt es im Islam: die Thora, die Psalmen, das Evangelium und den Koran.

Schachspieler könnte interessieren, dass die Anzahl der unterschiedlichen Kombinationen nur für die ersten 4 Züge von beiden Spielern 318 979 564 000 beträgt.

Die Nationalhymnen von Japan, Jordanien und San Marino haben jeweils nur 4 Zeilen, so dass man sie viel leichter behalten kann als manch andere Nationalhymne.

1 2 3 4 **5** 6 7 8 9

Jeder, der schon einmal Geld beim Tetris-Spielen verloren hat, kennt die 5 möglichen **Tetrominos** – die Figuren, die man erhält, wenn man 4 Quadrate Kante an Kante aneinander legt, so wie hier:

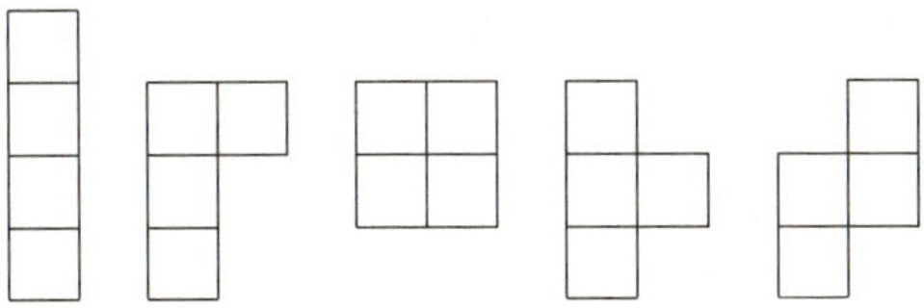

Quizfrage:

Wie viele verschiedene Figuren lassen sich aus 5 Quadraten legen? Diese heißen dann *Pentominos*. Die Quadrate müssen Kante an Kante liegen, und die Figuren dürfen nicht identisch sein, wenn man sie dreht oder spiegelt.

Sowohl in westlichen als auch in östlichen Kulturen ist die 5 häufig die Zahl der Liebe, weil sie eine unteilbare Kombination aus der männlichen Zahl 3 und der weiblichen Zahl 2 ist. Ein Pentagramm wird in England auch »Liebesknoten« genannt, und 5 ist zudem die Zahl der Liebesgöttin Venus. Ist das nicht sexy?

Die Legende besagt, dass Hippasos, das war der Mensch, der das **Pentagondodekaeder** entdeckt hat – einen geometrischen Körper, der aus 12 regelmäßigen Fünfecken besteht –, dafür von den Pythagoräern ertränkt wurde. Für die Entdeckung einer Figur eine ganz schön harte Strafe!

Das Pentagon in Arlington in Virginia, in dem ein Großteil der Büros des US-Verteidigungsministeriums untergebracht ist, hat 5 Seiten, 5 Stockwerke, und in der Mitte befinden sich 5 Acres (2,025 Hektar; 1 Acre = 4 046,8 m^2). Das ist nun wirklich sexy!

Die pentatonische Tonleiter, auf der die keltische Musik häufig basiert, enthält 5 Noten.

Die bevorzugte Mitgliederzahl aller Boy Groups ist 5. Man denke nur an die Backstreet Boys, Boyzone, N Sync, 5ive, Take That, New Kids on the Block usw. usw. Die Talente der 5 Mitglieder sind normalerweise folgendermaßen aufgeteilt: Es gibt 2 fantastische Breakdancer; einen Typen, der in Slacks (diesen weiten Rapperhosen) super aussieht; einen trübsinnigen, grüblerischen Einzelgänger (am besten mit Nasenring und Ziegenbärtchen); und dann noch einen, der tatsächlich singen kann.

3 4 5 6 7 8 9

6 ist eine **vollkommene Zahl**. Vollkommene Zahlen sind solche, die gleich der Summe ihrer Faktoren sind (sie selbst nicht eingeschlossen). Man kann 6 darstellen als 1 x 6 und 2 x 3. Wenn wir die Faktoren addieren, erhalten wir 1 + 2 + 3 = 6.

Quizfrage:

Welches sind die nächsten beiden vollkommenen Zahlen nach der 6? Hinweis: Die 2. vollkommene Zahl liegt zwischen 20 und 40, und, falls Sie sehr mutig sind, die 3. liegt zwischen 490 und 500. Viel Glück.

Die 6-seitige Figur, das **Hexagon**, ist ein wichtiges Bauprinzip in der Natur: Bienenstöcke und Schneeflocken sind aus Sechsecken konstruiert.

6 Töne gibt es in der Ganzton-Tonleiter, die manchmal in der östlichen Musik verwendet wird. Sie setzt sich nur aus ganzen Tönen zusammen, falls Sie sich das gerade gefragt haben.

In der Fernsehserie ›Drei Engel für Charlie‹ gab es 6 Engel. Na ja, es waren immer nur 3 zur gleichen Zeit, aber in den 5 Jahren, in denen die Serie lief, traten insgesamt 6 verschiedene Engel auf, nämlich: Kate Jackson alias Sabrina Duncan, Farrah Fawcett alias Jill Munroe, Jaclyn Smith alias Kelly Garrett, Cheryl Ladd alias Kris Munroe, Shelley Hack alias Tiffany Welles und Tanya Roberts alias Julie Rogers. Warum sie sich niemals alle 6 zusammengetan haben, um es mit irgendeinem echten Megaschurken aufzunehmen, weiß ich auch nicht.

7 ist eine Primzahl, und zwar eine sogenannte **Mersennesche Primzahl**, denn sie kann in der Form $2^p - 1$ ($7 = 2^3 - 1$) dargestellt werden, wobei p eine Primzahl ist. Marin Mersenne war Mathematiker, Philosoph und ein Freund von Descartes, die nach ihm benannten Primzahlen sind allerdings sehr selten. Bis vor kurzem hatte man nur 37 von ihnen entdeckt. Sehen Sie bei ➢31 nach, um die 38. zu finden.

Quizfrage:

Suchen Sie die nächsten beiden Mersenneschen Primzahlen nach der 7. Zur Erinnerung: Sie müssen der Formel $2^p - 1$, in der p eine Primzahl ist, entsprechen.

Wollust, Stolz, Zorn, Neid, Faulheit, Habsucht und Völlerei – klingt nach viel Spaß, oder? Das liegt daran, dass die Todsünden eine Reihe mit 7 Elementen sind. Weitere Siebenerreihen sind die Farben des Regenbogens (Rot, Orange, Gelb, Grün, Blau, Indigo, Violett – siehe auch ➢ 40), die Anzahl der Schichten im Maya-Himmel und die Anzahl der Planeten im babylonischen Himmel. 7 Freuden und 7 Sorgen hat die Gottesmutter Maria im Christentum, und 7 Hügel hat die Stadt Rom. Und das ist nur der Anfang (das verflixte 7. Jahr, 7 Jahre Unglück ...).

Bei Filmtiteln ist 7 ein sehr beliebtes Wort: ›Seven – Die Super-Profis‹ (1979), ›Sieben‹ (1995), ›Die glorreichen Sieben‹, ›Eine Braut für sieben Brüder‹, ›Die sieben goldenen Vampire‹, ›Sechs Tage, sieben Nächte‹ und ›Die sieben Samurai‹, um nur einige zu nennen. Einer, den man bestimmt nicht vergisst, ist ›Die sieben glorreichen Gladiatoren‹ (1984) mit dem unglaublichen Hulk und einigen anderen, weniger bekannten Schauspielern.

Vulkanier, so wie Mr Spock in ›Raumschiff Enterprise‹ sind nur alle 7 Jahre 1-mal sexuell aktiv. Logisch? Na ja, für mich nicht.

5 6 7 8 9 10 11

Die 8 ist eine Fibonacci-Zahl. Fibonacci, oder Leonardo von Pisa, hat im Jahr 1202 das berühmte Buch ›Liber abaci‹ geschrieben, das auch das »Kaninchen-Problem« behandelt. Wenn 2 Kaninchen jeden Monat 1 neues Paar Kaninchen zur Welt bringen, dieses neue Paar aber erst im Alter von 1 Monat selbst zeugungsfähig ist, und die Kaninchen niemals sterben, wie viele Kaninchenpaare sind dann jeden Monat am Leben? Die Antwort ist 1, 1, 2, 3, 5, 8, 13 ... – das sind die Fibonacci-Zahlen!

Die Mathematiker im alten Griechenland haben Folgendes entdeckt: Wenn man eine ungerade Zahl größer als 1 mit sich selbst multipliziert, ist das Ergebnis ein Vielfaches der Zahl 8 plus 1. Zum Beispiel: $5^2 = 25$, und das ist $3 \times 8 + 1$.

Das Licht benötigt 8 Minuten, um von der Sonne bis zur Erde zu gelangen.

Im Islam gibt es 7 Höllen, aber 8 Paradiese, denn Gottes Erbarmen ist größer als sein Zorn.

Ein Amerikaner verbraucht im Durchschnitt 8-mal mehr Kraftstoff als jeder andere Mensch auf der Welt. Jeder Mensch – egal wo – denkt im Durchschnitt so etwa alle 8 Minuten an Sex.

Menschen, die hin und wieder einen ganz normalen Schokoriegel essen, werden nicht erfreut sein zu hören, dass diese im Durchschnitt 8 Insektenbeine enthalten. Aber das ist noch gar nichts: Menschen verzehren im Laufe ihres Lebens durchschnittlich 8 Spinnen.

8 Töne gibt es in der diatonischen Tonleiter, die die meisten westlichen Musiker benutzen, einige mit besseren Ergebnissen als andere. Vergleichen wir zum Beispiel mal Beethoven mit den Backstreet Boys.

Ach, übrigens: $8 = 2^3$.

6 7 8 9 10 11 12

Es gibt einen einfachen Test, mit dem man herausfinden kann, ob eine Zahl durch 9 teilbar ist: Wenn die Summe der Ziffern dieser Zahl durch 9 teilbar ist, dann ist sie es auch selbst. So gilt für 279, dass 2 + 7 + 9 = 18 ist, und 18 ist durch 9 teilbar. Und 279 = 31 x 9, also stimmt es tatsächlich, sie ist durch 9 teilbar.

Die 9 taucht immer und überall auf. Troja wurde 9 Jahre lang belagert, und Odysseus war 9 Jahre unterwegs. In den alten mexikanischen Kulturen gab es 9 Flüsse in der untersten Schicht der Unterwelt, und der Fluss Styx in der Unterwelt der alten Griechen hatte 9 Biegungen.

Chinas Unterwelt hatte ebenfalls 9 Flüsse, die in Form eines 9-köpfigen Drachens sichtbar wurden. Der Held Yu tötete diesen Drachen, eine Schildkröte brachte ihm daraufhin das 1. **magische Quadrat**, bestehend aus 9 Zahlen (siehe unten), die auf ihrem Rücken eingeritzt waren. Der chinesischen Vorstellung zufolge hat der Himmel 9 Bereiche, die Erde hat 9 Länder, und jedes Land hat 9 Bergketten. In der chinesischen Hauptstadt Peking laufen 8 Straßen auf 1 Zentrum zu (das ergibt wieder 9).

Die ersten 9 ganzen Zahlen, 1 – 9, kann man so in ein magisches Quadrat eintragen, dass alle Reihen und beide Diagonalen die gleiche Summe, nämlich 15, ergeben. Dies ist das magische Quadrat vom Schildkrötenrücken aus dem alten chinesischen Mythos, es heißt *Lo Shu.*

Quizfrage:

Es gibt tatsächlich nur eine Möglichkeit, das *Lo Shu* zu erstellen (mit Variationen, die aber letzten Endes das Gleiche sind). Wie geht es?

Alle Menschen mussten sich 9-mal vor Dschingis Khan niederwerfen. Ich will ganz ehrlich zu Ihnen sein: Trotz der möglichen Auswirkungen auf meine Menschenwürde hätte ich mich wahrscheinlich 999-mal auf den Boden geworfen, wenn Dschingis das verlangt hätte.

Eine Küchenschabe kann bis zu 9 Tage ohne Kopf überleben, bevor sie verhungert.

Übrigens: $9 = 3^2$.

7 8 9 10 11 12 13

Unser Zahlensystem ist **dezimal**. Das heißt, nach zehn gehen wir weiter zur nächsten Stelle. 37 bedeutet demnach 3 Zehner und 7 Einer. Wenn wir zum Beispiel ein Siebenersystem benutzen würden, wäre die Zahl 25 folgendermaßen auszudrücken: 2 x 7 + 5 x 1, was nach unserem Dezimalsystem 19 ergibt. In einem Sechsersystem wäre 312 demnach 3 x 6 x 6 + 1 x 6 + 2. Im Zehnersystem ist dies 116.

Für die Pythagoräer war 10 die allumfassende und alles bestimmende »Mutter« der Zahlen. Die 10 ist in vielen Kulturen eine wichtige Zahl: Aristoteles definierte 10 Kategorien, Moses erhielt 10 Gebote, und auch im Buddhismus gibt es 10 Gebote.

Als eine römische Armee einmal rebellierte, wurde jeder 10. Soldat hingerichtet (so dezimiert man seine Truppen).

Die Punk-Legende der 70er Jahre, die Sex Pistols, spielten auf ihrem ersten Konzert in London am 6. November 1975 ganze 10 Minuten. Allerdings brachten sie in diesen 10 Minuten eine ganze Menge Töne unter.

10cc war der Name einer britischen Pop-Band der 70er Jahre. Sie benannten sich nach der durchschnittlichen Samenmenge im männlichen Ejakulat bei einem Orgasmus: Sie beträgt 10 Kubikzentimeter. Auch andere Bands sind nach dem männlichen Samen benannt, darunter Pearl Jam oder The Lovin' Spoonful.

Die durchschnittliche Lebensdauer einer menschlichen Geschmacksknospe ist 10 Tage: Sie verkürzt sich nicht unerheblich, wenn sie mit von mir zubereiteten Speisen in Berührung kommt.

8 9 10 11 12 13 14

Sehen Sie sich die folgende Reihe an: $1^2 = 1$, $11^2 = 121$, $111^2 = 12\,321$. Wenn Sie das nächste Mal jemanden wirklich beeindrucken wollen, behaupten Sie einfach:

$111\,111\,111^2 = 12\,345\,678\,987\,654\,321$

Im antiken Sparta wurde eine Gruppe aus 11 Frauen gebildet, die die Orgien des Dionysos-Kultes beenden sollten. Wir wissen allerdings nicht genau, was sie vorhatten.

Die Marshall-E-Gitarren wurden in dem Film ›Die Jungs von Spinal Tap‹ bis auf Stufe 11 hochgedreht (die Band in dem Film heißt *Spinal Tap* und hat eine große Ähnlichkeit mit Black Sabbath). Nigel, der Gitarrist, erläuterte: »Die meisten Leute spielen nur mit Stufe 10. Wenn wir das gewisse Extra brauchen, dann drehen wir auf Stufe 11. Eine lauter.«

Wie Nigel richtig wusste, ist 11 eins mehr als 10.

9 10 11 12 13 14 15

12 ist die 1. **abundante Zahl**. Eine Zahl ist dann abundant, wenn die Summe all ihrer Faktoren größer ist als die Zahl selbst. 12 kann dargestellt werden als 1 x 12, 2 x 6 oder 3 x 4. Addieren Sie 1 + 2 + 3 + 4 + 6. Die Summe ist 16, und 16 ist größer als 12, also ist die Zahl 12 abundant.

Quizfrage:

Es gibt 5 weitere abundante Zahlen, die kleiner als 40 sind. Welche sind das?

12 Stunden: So lange brauchen Schnecken, wenn sie Sex haben.

Nur 12 Folgen der Fernsehserie ›Das verrückte Hotel – Fawlty Towers‹ wurden produziert. Am Anfang jeder Folge war auf dem Hotel-Schild jeweils eine Variation der Worte »Fawlty Towers« zu lesen, so ähnlich, wie bei ›Die Simpsons‹, wo Bart immer an die Tafel schreibt. In der 12. Episode mit dem Titel ›Basil die Ratte‹ stand auf dem Schild »Farty Towels«, das heißt: pupsende Handtücher.

In der chromatischen Tonleiter der westlichen Musik gibt es 12 Töne, das sind zum Beispiel alle Töne zwischen einem A und dem nächsten A eine Oktave höher.

12 ist keine Schicksalszahl, glauben Sie mir. Lesen Sie ➢ 70, um herauszufinden, warum.

10 11 12 13 14 15 16

13 ist eine Fibonacci-Zahl (siehe ➢3). Die Fibonacci-Zahlen erscheinen regelmäßig, außerhalb der Mathematik, in der Natur. Fast alle Äpfel, Rosen, Brombeeren, Himbeeren, Erdbeeren, Pfirsiche, Pflaumen, Birnen und Kirschen haben Blüten aus 5 Blättern, und 5 ist ebenfalls eine Fibonacci-Zahl. Eine Ananas hat entweder 8 oder 13 Ringe, die aus der Spitze herauswachsen.

Wenn Sie Angstzustände bekommen haben, als Sie diese Seite gesehen haben, könnte es sein, dass Sie an **Triskaidekaphobie** leiden – an der Angst vor der Zahl 13. Die 13 versetzt uns derartig in Schrecken, dass weltweit jährlich ein Schaden in Milliardenhöhe durch Arbeitsfehlzeiten, Reisestornierungen und Geschäftsverluste entsteht. Beim letzten Abendmahl waren 13 Personen anwesend, Hexen treiben sich immer zu dreizehnt herum, und in China hieß der 13. Monat, der manchmal nötig war, um das Mondjahr mit dem Sonnenjahr in Einklang zu bringen, entweder »Herr des Kummers« oder »Bedrängnis«. In fast keinem Kasinohotel findet man Zimmer mit den Nummern 713 oder 2 613 beispielsweise; wahrscheinlich, weil sie die Zahl

13 enthalten. Häufig fehlt sogar die gesamte 13. Etage – sicher ist sicher.

Wenn Sie dies zufällig an einem Freitag lesen und auch noch der 13. ist, dann wissen Sie, dass dieser Monat an einem Sonntag begonnen hat. Ist eigentlich ganz logisch.

Der französische König Ludwig XIII. erklärte die 13 zu seiner Lieblingszahl. Verständlicherweise: Er heiratete Anna von Österreich, als sie gerade 13 Jahre alt war. Erstklassige Leistung, Ludwig.

11 12 13 14 15 16 17

Die britische Gewichtseinheit *stone* hat 14 Pfund (1 englisches Pfund = 453,59 g). Das arabische Alphabet besteht aus 14 Sonnen- und 14 Mondbuchstaben, und einer von Mohammeds Namen, *Taha,* hat einen numerischen Wert von 14. Und eine Gartenerbse hat 14 Chromosomen.

Der untere Teil der Wirbelsäule hat 14 Wirbel, ebenso wie der obere Teil, und auch die menschliche Hand besteht aus 14 Teilen.

Um einen immer währenden Kalender anzufertigen, benötigt man 14 einzelne Kalender.

Jetzt sind die französischen Könige wieder dran, und dies ist etwas für Zahlenenthusiasten: Ludwig der XIV. bestieg den Thron im Jahr 1643; die Quersumme dieser Zahl ergibt 14; er starb 1715 (auch hier beträgt die Quersumme 14), er regierte 77 Jahre (14), wurde 1638 geboren und starb 1715; 1 638 + 1 715 = 3 353 (14). Alles zusammen genommen bedeutet dies – na ja, um ehrlich zu sein, ist es nur dummes Zeug. Er spielte nicht die Hauptrolle in dem Film ›Fourteen Hours‹ von 1951.

Dies tat die gute alte Barbara Bel Geddes – es sei denn, sie *ist* in Wirklichkeit Ludwig XIV. – aber das wäre ein bisschen zu abgefahren, sogar für die schrägen französischen Könige.

Merkwürdigerweise ist $10^2 + 11^2 + 12^2 = 13^2 + 14^2$. Rechnen Sie doch mal nach und überzeugen Sie sich selbst.

12 13 14 15 16 17 18

15 ist die 5. **Dreieckszahl**. Dreieckszahlen ergeben sich aus der Zahl der Punkte in dem Diagramm eines rechtwinkligen Dreiecks wie dem folgenden:

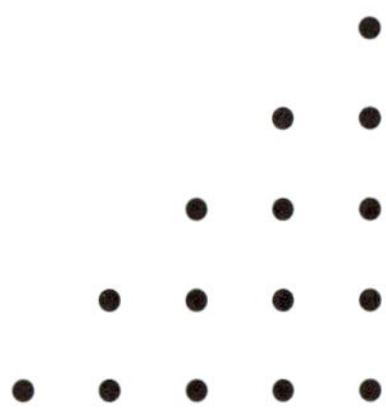

Sie werden durch Addition der Reihe 1 + 2 + 3 + 4 + 5 ... gebildet. Einige Dreieckszahlen sind außerdem Quadratzahlen (zum Beispiel die 36). Aber keine Dreieckszahl kann eine 3., 4. oder 5. Potenz sein. Um die n-te Dreieckszahl oder T_n zu finden, benutzt man die Formel $T_n = \frac{1}{2} \times n\,(n + 1)$. Also:

$$T_5 = \tfrac{1}{2} \times 5\,(5 + 1)$$
$$= \tfrac{1}{2} \times 5 \times 6$$
$$= 15$$

Quizfrage:

Welches ist die 6., 7. und 8. Dreieckszahl?

Dreieckszahlen können auch **Palindrome** sein. Das bedeutet, dass sie vorwärts und rückwärts gelesen gleich aussehen. Aber die 15 gehört nicht dazu.

Die 15 ist in der westlichen Kultur unglaublich wichtig, denn dies ist die Anzahl der farbigen Kugeln beim Pool-Billard: Es gibt 7 volle Kugeln, 7 halbe und die 8. Die 15 ist aber noch aus einem anderen Grund wichtig: Jeder von uns kann damit rechnen, für 15 Minuten weltberühmt zu sein – wenn Andy Warhol Recht hat.

13 14 15 16 17 18 19

Der berühmte Schweizer Mathematiker Leonhard Euler hat bewiesen, dass 16 die einzige Zahl ist, die als umgekehrte Potenz geschrieben werden kann, bei der man also Basis und Exponenten einfach vertauschen kann: $16 = 2^4 = 4^2$.

J. W. Mystrom schlug vor, die 16 zur Grundlage einer neuen Zählweise zu machen, die Zahlen in diesem neuen Sechzehnersystem wollte er an, de, ti, go, su, by, ra, me, ni, ko, hu, vy, la, po, fy und ton nennen. Nette Idee, J. W. – wir kommen noch darauf zurück.

Die alten Römer teilten einen Fuß (die Maßeinheit) in 16 Finger ein. Wenn Sie es nicht glauben, lesen Sie noch einmal unter ➢ 4 nach.

Die 16 war eine beliebte Zahl in Indien, und bis vor kurzem war eine Rupie 16 Anna wert. In der klassischen indischen Ästhetik gab es 16 Kriterien für Schönheit.

Auf seinen letzten beiden Konzerttouren trug Elvis ausschließlich seinen glänzenden Sonnenuhren-Anzug. Auf dem Rücken prangte eine Sonnenuhr mit 16 Punkten. Der Anzug brachte noch vieles andere zur Geltung, nicht zu vergessen seine eigene, nicht unbeträchtliche Körpermasse. Natürlich hat Elvis seine erste Platte in den Sun Studios in Memphis, Tennessee, aufgenommen. Und zwar mit 16 Stücken. Heute arbeitet Elvis an einer Tankstelle am Highway 61 und außerdem als Friseur in Nashville.

14 15 16 17 18 19 20

Sehen Sie sich einmal folgendes Beispiel an: $17 = 2^4 + 1$. Nun ist $4 = 2^2$, also können wir auch schreiben $17 = 2^{2^2} + 1$. Das bedeutet, dass 17 die 2. **Fermat-Zahl** ist. Fermat-Zahlen entsprechen der Formel
$F_n = 2^{2^n} + 1$.
Demnach ist die 3. Fermat-Zahl $2^{2^3} + 1 = 2^8 + 1 = 257$.
Und $F_4 = 2^{16} + 1 = 65\,537$.
Pierre de Fermat behauptete im Jahr 1640, alle Fermat-Zahlen seien Primzahlen.
Aber es zeigte sich, dass das falsch war. $F_5 = 2^{2^5} + 1 = 2^{32} + 1 = 4\,294\,967\,297 = 641 \times 6\,700\,417$. Pech gehabt, Pierre.

Sehr wichtig ist die 17 in der islamischen Tradition. Der große muslimische Alchemist Jabir ibn Hayyan glaubte, die 17 sei die Basis der materiellen Welt, die aus der Reihe 1, 3, 5 und 8 bestehe. Es gibt 17 Bewegungszyklen zu den Gebeten, die 5-mal täglich abgehalten werden, und 17 ist auch die Anzahl der Wörter im Aufruf zum Gebet.

Der große Arnie Schwarzenegger musste sich im Film ›Terminator‹ ziemlich anstrengen, denn er spricht selbst, mit eigener Stimme, ganze 17 Sätze. 2 weitere Sätze, die aus seinem Mund kommen, sind mit den Stimmen anderer Personen nachsynchronisiert (denn er hat ihre Gestalt angenommen).

15 16 17 **18** 19 20 21

Die 18 ist die 6. **Lucas-Zahl**. Die Lucas-Zahlen beginnen mit 1 und 3, folgen dann demselben Schema wie die Fibonacci-Zahlen, nur dass man die letzten beiden Zahlen addiert, um die folgende zu erhalten: 1, 3, 4, 7, 11, 18 ... Die 18 ist außerdem eine abundante Zahl.

Wenn 18 oder mehr Leute auf einer Party sind, muss es entweder eine Gruppe von 4 Leuten geben, die sich untereinander kennen, oder eine Gruppe von 4 einander völlig Unbekannten.

Wenn Sie gerne ein Wirbelderwisch werden möchten, also ein Mitglied des Mevlevi-Ordens, dann müssen Sie 18 Tage im Kloster als Hausdiener arbeiten und danach in der Küche die 18 verschiedenen Dienste erlernen. Nachdem Sie die 1 001 Vorbereitungstage absolviert haben, werden Sie mit einem 18-armigen Kerzenleuchter in Ihre neue Zelle geleitet, wo Sie dann 18 Tage meditieren. Dann, und wirklich erst dann, können Sie anfangen, herumzuwirbeln. Ich kenne zwar niemanden, der das alles gemacht hat, aber deswegen schlage ich es mir noch lange nicht aus dem Kopf.

Sonnen- und Mondfinsternisse treten stets alle 18 Jahre auf.

Das knuddelige, flauschige niedliche Etwas, das im Haus herumtapst, hat 18 Krallen. Natürlich meine ich Ihre Katze.

16 17 18 19 20 21 22

Erinnern Sie sich an den Test, mit dem man herausfindet, ob eine Zahl durch 3 teilbar ist (siehe ➢ 3)? Es gibt einen ebenso einfachen Test, wenn man wissen will, ob eine Zahl durch 19 teilbar ist. Wenn $100a + b$ durch 19 teilbar ist, dann muss auch $a + 4b$ durch 19 teilbar sein. Wir probieren es mal mit 323:

- 323 = 3 x 100 + 23, also ist $a = 3$ und $b = 23$.
- Daraus ergibt sich: $a + 4b = 3 + 4 \times 23 = 95$.
- Und 95 ist durch 19 teilbar. Also ist auch 323 durch 19 teilbar, 19 x 17 ist nämlich 323.

Quizfrage:

Benutzen Sie den Test, um herauszufinden, welche der folgenden Zahlen durch 19 teilbar sind: 209, 363, 418, 817.

Wenn Sie ein alter Babylonier sind (viele Leute waren das), dann könnte es sein, dass Sie an **Nonadekaphobie** leiden, denn man glaubte, dass der 19. Tag eines Monats, der immer der 49. Tag seit dem Beginn des Vormonats ist (= 7 x 7), voller guter, aber auch böser Kräfte sei.

Der metonische Mondzyklus tritt alle 19 Jahre auf, wenn alle Mondphasen während des gesamten Sonnenjahres auf den gleichen Wochentag fallen.

Das japanische Brettspiel Go wird auf einem quadratischen Brett mit 19 mal 19 Feldern gespielt.

19 ist eine Primzahl.

17 18 19 **20** 21 22 23

Falls Sie es noch nicht gewusst haben sollten: Wir haben insgesamt 20 Finger und Zehen, daher war die 20 in vielen Kulturen die Grundlage des Zählens (lesen Sie noch einmal unter ➢ 10 nach, wenn Sie nicht ganz sicher sind, wovon ich hier spreche). Die alten Maya in Mittelamerika machten die 20 zur Basis ihres Zahlensystems. Außerdem gab es in ihrem Kalender 13 Monate mit jeweils 20 Tagen, und in ihrer Schrift war das Zeichen für die Zahl 20 eine menschliche Figur, wahrscheinlich, weil Menschen 20 Finger und Zehen haben.

Die 20 ist eine abundante Zahl:

$1 + 2 + 4 + 5 + 10 = 22$

Das größte Ikosaeder (ein 20-seitiger Körper) befindet sich in Lexington, Massachusetts.

Fußballmannschaften haben 11 Spieler, also sind bei einem normalen Spiel 22 Spieler auf dem Feld. Wenn nun 2 Spieler vom Platz geschickt werden und nur 20 übrig bleiben, spricht man gewöhnlich von einem ziemlich üblen Spiel. Tja, was soll man dann erst von dem Spiel zwischen »Sportivo Ameliano« und »General Caballero« in Paraguay halten, bei dem ganze 20 Spieler vom Platz geschickt wurden und nur 2 übrig blieben?

Jerry Seinfeld brauchte in seiner Fernsehshow volle 20 Jahre, um Henry Millers ›Wendekreis des Krebses‹ durchzulesen. Er hatte es sich aus einer Bücherei in New York ausgeliehen und schaffte es nicht, es zurückzugeben.

20/20 ist der Titel eines Albums der Beach Boys. Aber auch auf ›Pet Sounds‹ trifft das zu.

18 19 20 21 22 23 24

Die 21 ist die 8. Fibonacci-Zahl und außerdem die 6. Dreieckszahl. Wenn wir die Formel von ➢15 anwenden, ergibt sich: $T_6 = \frac{1}{2} \times 6\,(6 + 1) = 21$

21 ist die Anzahl der Kugeln beim Snooker, wenn man die weiße Kugel nicht mitzählt.

Wenn ein Amerikaner 21 Jahre alt wird, kann er ein Bier trinken, um die Tatsache zu feiern, dass er seit 3 Jahren wählen und im Krieg erschossen werden darf. Die haben's gut, was? In vielen Ländern ist es dagegen fast illegal, 21 zu werden, ohne eine öffentliche Erniedrigung über sich ergehen zu lassen wie zum Beispiel, aus einem ewig langen Glas zu trinken, sich alle möglichen Tiefpunkte aus dem eigenen Liebesleben von irgendwelchen »Freunden« erzählen lassen zu müssen, oder besoffene Onkel zu ertragen, die nicht tanzen können, aber versuchen, bei Frauen zu landen, die 21 Jahre jünger sind als sie selbst.

Der Film ›Halloween‹ wurde im Jahr 1978 innerhalb von 21 Tagen mit einem Budget von 300 000 Dollar gedreht. Die Geschichte des mörderischen Michael Myers gehört daher zu denjenigen unter den Independent-Produktionen, die das meiste Geld eingespielt haben. Den ersten Platz hat vor kurzem der Film ›Blair Witch Project‹ eingenommen. Der Film selbst ist nicht besonders Furcht einflößend, aber es ist absolut erschreckend, dass so viele Leute Geld dafür ausgegeben haben, um ihn zu sehen.

Elefanten sind 21 Monate lang schwanger.

19 20 21 22 23 24 25

Die berühmteste Zahl überhaupt ist wahrscheinlich π – Pi –, das Verhältnis des Umfangs eines Kreises zu seinem Durchmesser. Einfacher ausgedrückt: Wenn der Durchmesser eines Kreises 3 cm beträgt, dann ist die Außenlänge 3 x π cm.

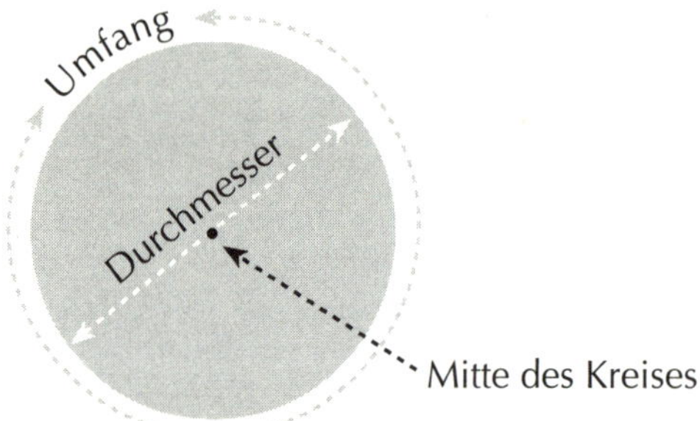

$$\pi = \frac{\text{Umfang}}{\text{Durchmesser}}$$

Aber π ist eine irrationale Zahl, daher können wir bestenfalls einen Annäherungswert benutzen. Als Dezimalzahl beträgt π ungefähr 3,14159. Und hier kommt die 22 ins Spiel: Der am häufigsten verwendete Annäherungswert ist die Bruchzahl π [=] $\frac{22}{7}$. Wenn der Durchmesser eines Kreises also 7 cm lang ist, beträgt der Kreisumfang ungefähr 22 cm.

22 im Quadrat ergibt ein Palindrom (vorwärts und rückwärts gelesen sieht es gleich aus): $22^2 = 484$

Quizfrage:

Es gibt fünf weitere Zahlen kleiner als 100, die im Quadrat ein Palindrom ergeben. 1, 2 und 3 sind offensichtlich, denn ihre Quadratzahlen haben nur eine Ziffer. Finden Sie die beiden anderen (sie sind beide kleiner als 30).

Wissen Sie noch, was Dreieckszahlen sind (siehe ➢ 15)? Also gut, nach den Dreieckszahlen und den Quadratzahlen kommen die **pentagonalen Zahlen**, benannt nach der fünfseitigen Figur eines Pentagons (Fünfecks). Der Grundgedanke ist derselbe: Wir vergrößern das Fünfeck, indem wir eines von außen hinzufügen. Die pentagonalen Zahlen bezeichnen jeweils die Anzahl der Punkte in der Abbildung.

Die folgende Abbildung enthält 22 Punkte:

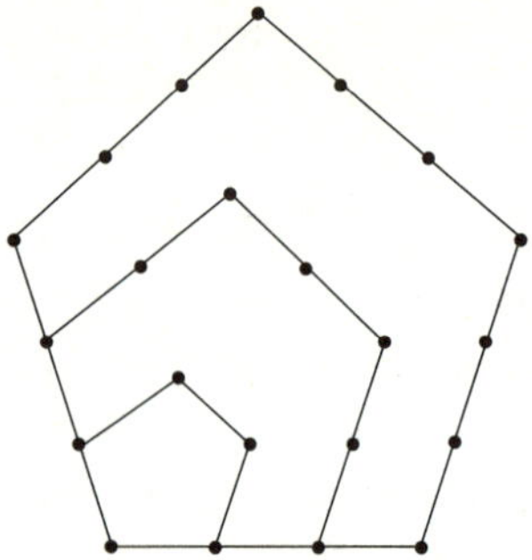

Quizfrage:

Welches sind die nächsten 3 pentagonalen Zahlen nach 1, 5, 12 und 22?

20 21 22 **23** 24 25 26

Die sehr merkwürdig aussehende 23! ist eine 23-stellige Zahl. Lesen Sie ➢ 24, um zu verstehen, was das nun schon wieder bedeuten soll.

Die Erde ist um 23 Grad geneigt. Unter ➢ 98 können Sie mehr über die Neigung von Planeten erfahren.

In einer kürzlich durchgeführten Umfrage gaben 23 % der Frauen auf die Frage, was sie im Bett abgesehen vom Schlafen am liebsten täten, an, dass sie am liebsten lesen – dies war die am häufigsten genannte Beschäftigung der weiblichen Befragten. Von den befragten Männern sagten 50 %, sie hätten im Bett am liebsten Sex. Nur 20 % der Frauen gaben dieselbe Antwort: Daraus ergibt sich, dass 30 % der Männer sich selbst überlassen bleiben.

Wenn 23 Menschen oder mehr sich in einem Raum befinden, stehen die Chancen, dass 2 von ihnen am gleichen Tag Geburtstag haben, höher als 50 : 50. Sind es weniger als 23, ist es wahrscheinlicher, dass es keinen gemeinsamen Geburtstag gibt. Die benötigte Anzahl von Leuten ist erstaunlich klein, aber es stimmt. Bei mehr als 40 Personen ist die Wahrscheinlichkeit sehr groß, bei 45 beträgt sie sogar unglaubliche 95 %. Ich werde jetzt beweisen, dass bei 23 Personen die Chance für einen gemeinsamen Geburtstag bei 50 % liegt. Dafür werde ich, weil das, wie so oft bei Fragen zur Wahrscheinlichkeit, einfacher ist, die Chancen dafür berechnen, dass das genaue Gegenteil der Fall ist.

- Nehmen wir 1 Person. Sie hat an einem Tag Geburtstag – sagen wir am 1. Januar. Nehmen wir eine 2. Person. Die Chance, dass ihr Geburtstag nicht mit dem der 1. Person zusammenfällt, beträgt 364 : 365, denn abgesehen vom 1. Januar gibt es noch 364 weitere Tage.
- Nehmen wir eine 3. Person. Die Wahrscheinlichkeit, dass sie an wieder einem anderen Tag Geburtstag hat, ist 363 : 365. In einer Gruppe von 3 Leuten ist also die Wahrscheinlichkeit, dass die 2. Person nicht am gleichen Tag Geburtstag hat wie die 1. und die 3. nicht an einem Tag gemeinsam mit den 2 anderen, gleich $\frac{364}{365} \times \frac{363}{365}$.
- Für eine Gruppe von 4 Leuten folgen wir derselben Logik. Die Wahrscheinlichkeit, dass es keinen gemeinsamen Geburtstag gibt, beträgt also $\frac{364}{365} \times \frac{363}{365} \times \frac{362}{365}$. Verstehen Sie das Prinzip?
- Bei größeren Gruppen müssen wir nur die entsprechenden Multiplikatoren hinten anhängen. Demgemäß liegen die Chancen, dass es bei 23 Leuten keinen gemeinsamen Geburtstag gibt, bei $\frac{364}{365} \times \frac{363}{365} \times \frac{362}{365} \times \ldots \times \frac{343}{365}$. Das Ergebnis dieser Rechnung ist ungefähr 0,49. Demnach haben mit einer Wahrscheinlichkeit von 51 % 2 Leute am gleichen Tag Geburtstag!

21 22 23 24 25 26 27

Da 24 = 4 x 3 x 2 x 1 ist, nennen wir sie 4 Fakultät oder 4! **Fakultäten** tauchen in der Mathematik ständig auf, besonders in der Wahrscheinlichkeitsrechnung. Angenommen ich hätte 3 verschiedene Bücher, die ich auf einen Stapel legen möchte. Es gibt 3 Möglichkeiten, welches Buch unten liegt, dann noch 2 weitere für die Mitte, und 1 für die oberste Position. Also 3 x 2 x 1 = 3! = 6 verschiedene Möglichkeiten, wie ich diesen Bücherstapel ordnen kann. Nach derselben Logik kann man 4 Bücher auf 4 x 3 x 2 x 1 = 24 unterschiedliche Weisen stapeln.

Von Alpha bis Omega und von Aleph bis Tof, sowohl das griechische als auch das hebräische Alphabet haben 24 Buchstaben. 24 ist auch die Anzahl der Stunden eines Tages. Wenn Sie das Glück haben, mal in einen gewissen religiösen Themenpark in Las Vegas zu geraten, können Sie das Rote Meer zurückweichen und Lazarus von den Toten auferstehen sehen – 24-mal pro Tag, zu jeder einzelnen Stunde.

Es waren die Babylonier, die den Tag in 24 Stunden, die Stunde in 60 Minuten und die Minute in 60 Sekunden eingeteilt haben. Das System hat bereits 4000 Jahre überlebt.

Die Bee Gees haben eine Reihe von Songs für ›Saturday Night Fever‹ aufgenommen, unter anderem den ersten Titel »Stayin' Alive«. Als der Film 1977 in die Kinos kam, war dies nicht nur der Beginn der Hollywood-Karriere von John Travolta, er löste auch eine nationale Tanzwut aus und beeinflusste die Mode der 70er Jahre. Und wo kommt die 24 in dieser Geschichte vor? Nun, der Soundtrack stand 24 Wochen lang auf Platz 1 der US-Charts.

22 23 24 25 26 27 28

Die 25 ist eine **glückliche Zahl**. Nein, das ist jetzt kein absonderliches numerologisch-aromatherapeutisches Geschwafel oder so etwas. Um wirkliche glückliche Zahlen zu finden, schreiben Sie eine lange Reihe von Zahlen auf, sagen wir von 1 bis 100. Streichen Sie nun die Zahl 2, die 2. Zahl in der Reihe und außerdem jede weitere 2. Zahl. Die Reihe sieht nun so aus: 1, 3, 5, 7, 9, ... Die nächste Zahl ist die 3, also streichen Sie jetzt jede 3. Zahl. Die Reihe lautet jetzt 1, 3, 7, ... Streichen Sie jede 7. Zahl, die noch da ist, dann jede 9. und machen Sie nach diesem Schema weiter. Übrig bleiben alle glücklichen Zahlen.

Quizfrage:

Wie heißen die nächsten 5 glücklichen Zahlen nach der 25?

Die 25 ist auch eine vollkommene Quadratzahl: $5^2 = 25$. Das Produkt von 4 aufeinander folgenden Zahlen + 1 ist immer eine Quadratzahl, wie zum Beispiel:

$1 \times 2 \times 3 \times 4 + 1 = 25 = 5^2$
oder
$11 \times 12 \times 13 \times 14 + 1 = 24\,025 = 155^2$

Für diejenigen, die mit Algebra umgehen können, ist der Beweis nicht besonders schwer zu verstehen:

$n\,(n + 1)\,(n + 2)\,(n + 3) + 1$

Das heißt, 4 aufeinander folgende Zahlen plus 1 kann man schreiben als

$n^4 + 6n^3 + 11n^2 + 6n + 1$

und das ist

$(n^2 + 3n + 1)^2$

Wenn mehr als 25 Leute auf einer Party sind, dann muss es entweder eine Gruppe mit 4 untereinander bekannten Personen geben, oder eine Gruppe von 5, die sich überhaupt nicht kennen.

23 24 25 26 27 28 29

Die 26 ist die kleinste Zahl, die kein Palindrom ist, deren Quadrat aber eines ist: $26^2 = 676$. Toll, was?

Das moderne lateinische Alphabet hat 26 Buchstaben. Früher waren es nur 25, bis im 14. Jh. das J dazukam.

Der große englische Dichter der Romantik, John Keats, starb im Alter von 26 Jahren. Ebenso der englische Künstler Aubrey Beardsley. Und der brillante norwegische Mathematiker Niels Abel. Sie alle starben an Tuberkulose, aber hier irgendeinen Zusammenhang zu vermuten, käme ja schon einer Verschwörungstheorie gleich.

Die Zahl 10^{27}, beziehungsweise eine 1 mit 27 Nullen, heißt Oktillion. Falls Sie wissen wollen, wie so etwas aussieht, hier ist eine, die ich extra für Sie vorbereitet habe:

1 000 000 000 000 000 000 000 000 000

Die 27 ist die kleinste Zahl, die man als Summe dreier Quadratzahlen auf zwei unterschiedliche Arten darstellen kann.

Quizfrage:

Versuchen Sie diese beiden Möglichkeiten zu finden: 27 als Summe aus 3 Quadratzahlen.

Ich habe schon erwähnt, was für ein großes Tier der Schweizer Mathematiker Leonhard Euler war (siehe ➢ 16), aber ein paarmal hat sogar er es ganz schön vermasselt. Betrachten wir einmal folgendes Beispiel:

- In der Schule lernt man Gleichungen wie: $3^2 + 4^2 = 5^2$ und $7^2 + 24^2 = 25^2$ usw.

- Richtig ist auch, dass $3^3 + 4^3 + 5^3 = 6^3$ ist.
- Aber wir werden kaum 2 Kubikzahlen finden, die addiert wiederum eine Kubikzahl ergeben. Es gibt keine ganzen Zahlen *a*, *b* und *c*, für die die Gleichung $a^3 + b^3 = c^3$ gilt (siehe auch die ausführliche Erklärung unter ➢ 67).
- Euler hat sich das alles genau angeschaut und vermutet, dass es auch für $a^4 + b^4 + c^4 = d^4$ und $a^5 + b^5 + c^5 + d^5 = e^5$ usw. keine Lösungen gibt, oder, in der Sprache der Mathematiker: Man kann keine Hoch-*n*-Zahl schreiben als Summe von $n - 1$ Hoch-*n*-Zahlen. Klingt ganz schön abgefahren, oder?
- Aber 1966 haben 2 Mathematiker namens Leon Lander und Thomis Parkin Folgendes bewiesen:
  $27^5 + 84^5 + 110^5 + 133^5 = 144^5$
  Damit haben Sie Leonhards wirklich coole Vermutung widerlegt. So ist das manchmal, großer Meister. Sogar die Besten von uns etc., etc.

Kurt Cobain starb im Alter von 27 Jahren, ebenso Jimi Hendrix. Und Janis Joplin. Und Jim Morrison.

Ach ja, nur für den Fall, dass Sie es noch nicht gemerkt haben: $27 = 3^3$

25 26 27 28 29 30 31

Die 28 ist die 2. vollkommene Zahl nach der 6 (wenn Sie vergessen haben, was eine vollkommene Zahl ist, blättern Sie noch mal zurück zu ➢ 6) und die 7. Dreieckszahl (wenn Sie das auch vergessen haben, siehe: ➢ 15).

28 ist außerdem die 12. **Ulam-Zahl**. Jetzt fragen Sie sich wahrscheinlich, wo Sie nachlesen können, was das ist. Schauen Sie einfach bei ➢ 47 nach.

Die Anzahl der Tage im Mondzyklus sowie in einem überaus regelmäßigen Menstruationszyklus, der Steine in einem Standarddominospiel und der Felder auf einem Monopoly-Spiel ist 28.

26 27 28 29 30 31 32

Mit 7 Schnitten kann man eine Pizza in 29 Stücke teilen. Probieren Sie es mal aus, indem Sie mit einem Bleistift einen großen Kreis zeichnen. Aber denken Sie bloß nicht, dass Sie das nächste Mal, wenn 29 Freunde zu Besuch kommen nur 1 Pizza brauchen, denn die Lösung ist sehr knifflig, und manche Stücke werden ganz schön klein. Um die maximale Anzahl von Stücken zu berechnen, die man mit einer bestimmten Anzahl von Schnitten erhalten kann, benötigt man die folgende Formel, in der *n* die Zahl der Schnitte bedeutet:

$$\text{Pizzastücke} = \frac{n \times (n + 1)}{2} + 1$$

Also könnte man mit 13 Schnitten 92 Pizzastücke erhalten:

$$\frac{13 \times (13 + 1)}{2} + 1 = \frac{13 \times 14}{2} + 1 = 13 \times 7 + 1 = 92$$

Bitte bedenken Sie aber, dass einige Ihrer Freunde angesichts der Form und Größe ihres Stücks äußerst irritiert sein könnten.

Quizfrage:

Angenommen, Sie bekommen 56 Freunde zu Besuch: Wie oft müssen Sie Ihre Pizza mindestens durchschneiden, um 56 Stücke zu erhalten?

Das längste Wort im ›Oxford English Dictionary‹, einem englischen Wörterbuch, hat 29 Buchstaben. Es heißt **Floccinaucinihilipilification** und bedeutet »etwas für wertlos halten«.

Ein Jahr auf dem Saturn entspricht 29 Jahren auf der Erde. Silvester auf dem Saturn zu verbringen, dürfte daher ziemlich aufregend sein.

30 ist ein **Primorial**: 30 = 5#. Fakultäten habe ich bereits erwähnt (siehe ➢ 24). Die Fakultät einer Zahl *x* erhält man, wenn man *x* mit allen ganzen Zahlen kleiner gleich *x* multipliziert. Entsprechend ist 5 Fakultät oder 5! = 5 x 4 x 3 x 2 x 1 = 120. Ein Primorial erhält man nun, wenn man eine Primzahl *p* mit allen Primzahlen kleiner gleich *p* multipliziert: 5 primorial, geschrieben 5#, ist 5 x 3 x 2 = 30.

30 ist verbunden mit Ordnung und Gerechtigkeit: Im alten Rom musste ein Mann 30 Jahre alt sein, wenn er Tribun werden wollte, und sowohl Moses als auch Jesus begannen, in diesem Alter zu predigen. In unseren modernen Zeiten ist es das Alter, in dem man realisiert, dass man nicht mehr Anfang 20 ist.

Ein Mondmonat, die Zeit, die der Mond braucht, um alle Phasen zu durchlaufen und die Erde zu umkreisen, dauert ungefähr 30 Tage – genau genommen sind es 29,5306 Tage, daher haben sich viele alte Kalender auf eine Monatslänge von 30 Tagen geeinigt. Das Problem war, dass man auch damals schon wusste, dass die Sonne 365 Tage benötigt, um wieder genau an der gleichen Stelle aufzugehen wie an einem bestimmten Tag zuvor. Daher hatte das Sonnenjahr, die Zeit, die die Erde zum Umkreisen der Sonne benötigt – obwohl man damals nicht wusste, dass die Erde um die Sonne kreist (aber das ist schon wieder eine ganz andere Geschichte) –, nicht nur 30-tägige Monate. Am Ende musste man ein paar zusätzliche Tage anhängen. Das großartige Buch von David Ewing Duncan, ›Der Kalender. Auf der Suche nach der richtigen Zeit‹, erzählt diese ganze Geschichte. Unter ➢ 46 finden Sie weitere verrückte Kalendergeschichten.

Auf unserem Planeten gibt es so viele Lego-Steine, dass jeder Mensch 30 davon besitzen könnte.

28 29 30 31 32 33 34

Die 31 ist die 3. Mersennesche Primzahl, denn 31 = $2^5 - 1$. Fast alle der sehr großen bisher entdeckten Primzahlen sind Mersennesche Primzahlen ($2^p - 1$, wobei *p* eine Primzahl ist). Die 37. Mersennesche Primzahl, die 1998 entdeckt wurde, ist $2^{3021377} - 1$, sie hat 909 526 Ziffern. Dennoch wissen wir, dass diese gigantische Zahl eine Primzahl ist. Faszinierend, was? Am 1. Juni 1999 wurde eine neue Rekord-Primzahl von Nayan Hajratwala entdeckt: $2^{6972593} - 1$. Dies ist die 38. *bekannte* Mersennesche Primzahl (es kann sein, dass es kleinere gibt, denn bisher sind nicht alle Zahlen zwischen der 37. Mersenneschen Primzahl und dieser 38. untersucht worden). Sie hat 2 098 960 Ziffern. Wenn Sie mehr über diese merkwürdigen Zahlen erfahren wollen, suchen Sie im Internet unter Mersennesche Primzahlen oder unter GIMPS, Great Internet Mersenne Prime Search, der großen Suche nach diesen Zahlen. Dem Ersten, der mithilfe seines PCs eine Mersennesche Primzahl mit 1 Milliarde Ziffern entdeckt, werden bis zu 250 000 US-Dollar in Aussicht gestellt – vielleicht gelingt es Ihnen ja.

Blutegel haben 31 Gehirne mehr als Menschen, also 32. Trotz dieser Tatsache sind Blutegel für keinen einzigen der in diesem Buch versammelten mathematischen Meilensteine auch nur ansatzweise verantwortlich.

29 30 31 32 33 34 35

Das erste Kreuzworträtsel erschien im Jahr 1913 in der Sonntagsbeilage der ›New York World‹. Der Engländer Arthur Wynne hatte es verfasst, und es enthielt genau 32 Suchbegriffe.

Bei 32° auf der Fahrenheit-Skala gefriert Wasser zu Eis. Warum? Daniel Fahrenheit, der deutsche Physiker des 18. Jahrhunderts, wählte die Temperatur einer zu gleichen Teilen aus Eis und Salz bestehenden Mischung als Nullpunkt für seine Skala. Als Gefrierpunkt für Wasser identifizierte er dann die Zahl 30 auf der Skala, was später allerdings auf 32 korrigiert wurde.

Bart Simpson ist *keine* 32-jährige Frau, wenn man irgendetwas von dem, was er zu Beginn jeder Folge von ›Die Simpsons‹ an die Tafel schreibt, glauben kann.

Und: $32 = 2^5$

30 31 32 33 34 35 36

Hier ist eine seltsam aussehende Gleichung:

33 = 1! + 2! +3! +4!

Unter ➢ 24 finden Sie die Erklärung, falls Sie nicht wissen, wovon ich rede.

Hätten Sie gedacht, dass es in Crystal City, in Texas, eine Popeye-Statue gibt, die an die stolze Tatsache erinnert, dass dieser komische Vogel mit den fantastischen Unterarmen es ohne weiteres schaffte, den Spinatverbrauch der Stadt um 33% zu erhöhen?

Robert Belford Scott (oder »Bon«, wie ihn seine Freunde nannten), der legendäre Sänger von AC/DC (der Name stammte von einem Staubsauger), war 33 Jahre alt, als er starb. Komisch, er sah um einiges älter aus.

Jesus Christus starb auch mit 33. Und ebenso der Blues Brother John Belushi. Auf seiner Beerdigung wurde der Ventures-Song »The 2000-Pound Bee« gespielt – der im Buch der Psalmen allerdings nicht enthalten ist.

33 ist die 10. glückliche Zahl.

31 32 33 34 35 36 37

In einem magischen Quadrat mit 4 mal 4 Feldern erscheinen die Zahlen 1 bis 16 je 1-mal, und zwar so, dass ihre Summe in allen Zeilen, Spalten und Diagonalen 34 ergibt.

Quizfrage:

Versuchen Sie, die folgenden magischen Quadrate zu vervollständigen:

12	13		8
6			10
			11
9			5

	2		16
13		3	
	7		5
8		6	

10	16	1	7
15	5	12	2

3	15		14
13			
			1
		7	

32 33 34 35 36 37 38

Ein **Polyomino** (es ist nicht so schrecklich wie es sich anhört) mit 6 Quadraten ist ein **Hexamino**. Alle 35 möglichen Hexaminos zu finden, kann eine amüsante Nachmittagsbeschäftigung sein. Hier sind schon mal 4 für den Anfang:

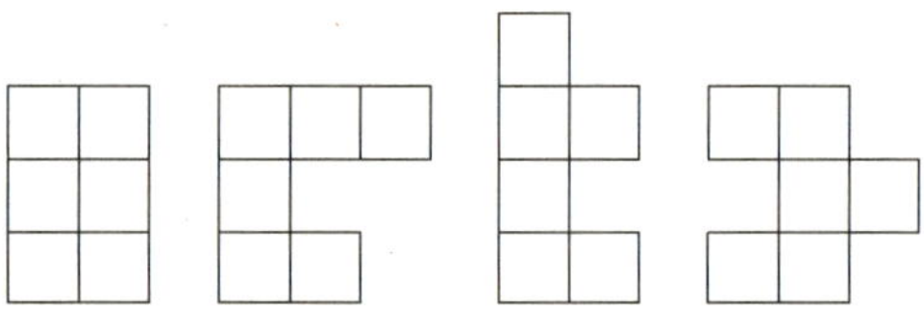

35 Sekunden dauert das kürzeste Theaterstück. Es handelt sich um ›Atem‹ von Samuel Beckett, und es besteht aus 35 Sekunden, in denen menschliches Atmen und ein Schrei zu hören sind. Für die Kritiker nicht ganz einfach zu rezensieren, denke ich mir, und außerdem ist es sehr peinlich, wenn man zu dieser Aufführung zu spät kommt.

Beim Schach bewegt sich das Pferd 2 Felder vor- oder seitwärts und dann 1 Feld zur Seite. Also könnte das

Pferd in der Abbildung vom Mittelfeld aus auf eine der 8 angegebenen Positionen springen:

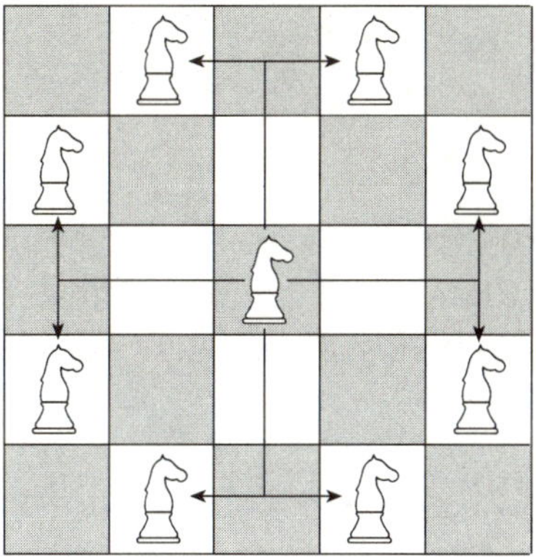

Auf einem Spielfeld mit 8 mal 8 Feldern kann ein Pferd 35 Sprünge machen, ohne dabei den bisher zurückgelegten Weg zu kreuzen. Versuchen Sie einmal, den Weg des Pferdes zu ermitteln.

Wenn Sie ein Krokodil wären, das gerade dabei ist, ein paar Eier zu legen und Sie sich fragen würden, welches Geschlecht Ihre Nachkömmlinge haben werden, müssten Sie nur die Lufttemperatur messen. Aus Krokodileiern, die bei mehr als 35 °C (95 °F) ausgebrütet werden, schlüpfen Männchen, bei unter 29,5 °C (85 °F) werden es Weibchen.

33 34 35 36 37 38 39

Wenn man alle Zahlen von 1 bis 36 addiert, also alle Zahlen eines Rouletterades, erhält man als Summe 666, eine Lieblingszahl des Teufels.

36 ist die erste Zahl, die man als Summe dreier Kubikzahlen darstellen kann: $36 = 1^3 + 2^3 + 3^3$. Die anderen 3 Zahlen unter 100, bei denen das möglich ist, sind:

$71 = 1^3 + 2^3 + 4^3$
$92 = 1^3 + 3^3 + 4^3$
$99 = 2^3 + 3^3 + 4^3$

Homer Simpson ist 36 Jahre alt. Siehe auch ➢ 81.

Die 36 ist eine **stark zusammengesetzte Zahl**. Eine Zahl ist dann »zusammengesetzt«, wenn sie außer 1 und sich selbst noch andere Teiler hat. 14 ist also eine zusammengesetzte Zahl, weil 14 = 2 x 7 ist. Ebenso leicht kann man feststellen, dass 17 nur als 17 x 1 geschrieben werden kann. Die 17 ist nicht zusammengesetzt, sondern sie ist eine Primzahl. Die Zahl 36 ist aber nicht nur zusammengesetzt, sie ist stark zusammengesetzt. Diese Bezeichnung gilt für Zahlen, die mehr Teiler als alle anderen Zahlen haben, die kleiner sind als sie selbst. Sie stammt von dem brillanten indischen Mathematiker Ramanujan. 36 hat die Teiler 1, 2, 3, 4, 6, 9, 12, 18 und 36. Keine Zahl von 1 bis 35 hat 9 Teiler. Andere stark zusammengesetzte Zahlen sind 332 640, 43 243 200 und 2 248 776 129 600.

Quizfrage:

Beginnen Sie bei 1 und ermitteln Sie alle stark zusammengesetzten Zahlen bis 36.

Die 36 ist die 8. Dreieckszahl, und sie ist eine abundante Zahl (falls Sie mir nicht glauben, lesen Sie noch einmal unter ➢ 12 nach).

Und zu guter Letzt: $36 = 6^2$.

34 35 36 37 38 39 40

37 ist die 4. **ausgefüllte Hexagonalzahl**. Diese Zahlen erhält man, indem man Sechsecke um einen zentralen Punkt herum anordnet. Das ist nicht wirklich überraschend. Die ausgefüllten Hexagonalzahlen sind also 1, 7, 19 usw.

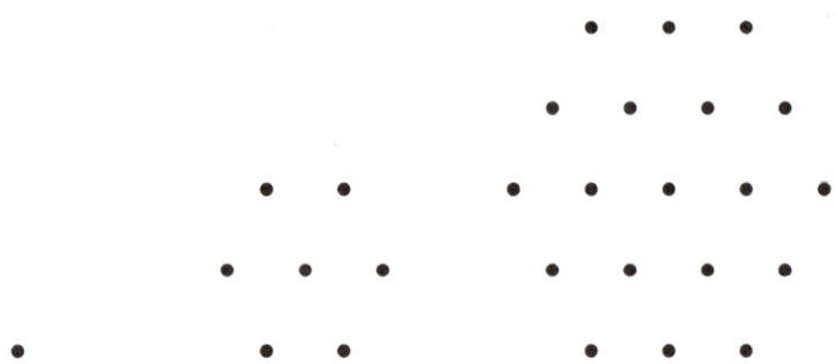

1 7 19

Quizfrage:

Welches sind die 3 nächsten ausgefüllten Hexagonalzahlen nach der 19?

Es gibt eine äußerst nette Tatsache bezüglich der Zahl 37 und ihrer Vielfachen. Wenn eine Zahl *abc* durch 37 teilbar ist, dann ist 37 auch ein Teiler der Zahl *cab*. Zum Beispiel ist 259 durch 37 teilbar (37 x 7 = 259), also ist 37 auch ein Teiler der Zahl 925 (37 x 25 = 925).

Falls Sie Hunger haben: 8 Schnitte durch eine Pizza können bis zu 37 Stücke ergeben. Probieren Sie es mal!

Man geht davon aus, dass Shakespeare 37 Stücke geschrieben hat. Falls Sie eine Liste dieser Werke erstellen wollen, vergessen Sie nicht, dass ›Henry IV‹ 3 Teile hat und dass auch ›Hamlet‹ von Shakespeare geschrieben wurde, nicht etwa von Mel Gibson.

Bei dem Versuch, durch Rütteln an einem Automaten kostenlos an die Ware zu kommen, sind seit 1978 mindestens 37 Menschen gestorben. Mehr als 100 wurden verletzt. Ich glaube nicht, dass ich besonders viel Mitleid mit diesen Leuten habe.

35 36 37 38 39 40 41

Erinnern Sie sich noch an die magischen Quadrate? (falls nicht, siehe ➢ 37.) Also, es gibt nur ein einziges magisches Sechseck. Darin sind die Zahlen von 1 bis 19 eingetragen; die Summe in jeder Reihe und jeder Diagonalen beträgt 38.

Quizfrage:

Vervollständigen Sie das folgende magische Sechseck.

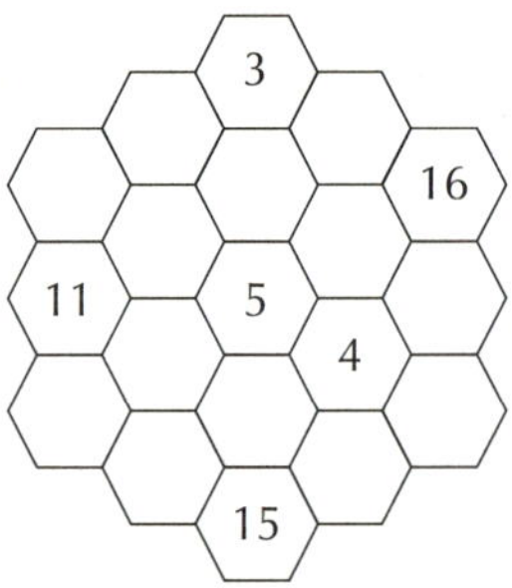

Der kürzeste Krieg fand im Jahr 1896 zwischen Großbritannien und Sansibar statt. Er dauerte nur 38 Minuten, aber trotzdem könnte man noch einen großartigen Tom-Hanks-Film daraus machen.

Wollen Sie so cool sein wie Sean Connery als James Bond? (Wollen wir das nicht eigentlich alle?) Dann trinken Sie nie im Leben einen 53er Dom Perignon, der wärmer als 3° Celsius ist. Laut 007 in ›Goldfinger‹ macht man das einfach nicht.

Achten Sie mal auf diesen Fehler: Während der Barschießerei in ›Jäger des verlorenen Schatzes‹ benutzt unser Held Indiana Jones zuerst einen 38er Revolver, dann einen 45er, dann wieder einen 38er und dann noch einmal einen 45er.

36 37 38 39 40 41 42

Die 39 ist schon einmal als »die erste **uninteressante Zahl**« bezeichnet worden. Zwar ist sie nicht so sexy wie die 7 oder so fesch wie die 99, aber sie hat doch auch einiges für sich. Zum Beispiel: 39 = 3 x 9 + 3 + 9. Na, beeindruckt? Dieses Schema funktioniert bei allen Zahlen, die mit einer 9 enden. Warum? Das ist ganz einfach.

- Eine Zahl mit den Ziffern ab kann man schreiben als $10a + b$. In unserem Fall: 39 = 3 x 10 + 9.
- Das Beispiel 39 = 3 x 9 + 3 + 9 lässt sich also folgendermaßen ausdrücken:
  $10a + b$ und $a \times b + a + b$.
  Das ergibt die Gleichung
  $10a + b = a \times b + a + b$.
- Subtrahiert man b auf beiden Seiten, dann erhält man
  $10a = a \times b + a$.
- Subtrahiert man a auf beiden Seiten, dann erhält man
  $9a = a \times b$.
- Solange a nicht gleich null ist, kann man beide Seiten durch a teilen und erhält $b = 9$. Also:
  39 = 3 x 9 + 3 + 9
  79 = 7 x 9 + 7 + 9
  159 = 15 x 9 + 15 + 9 usw.

Die meisten Abiturienten erinnern sich an π als 3,14 oder $\frac{22}{7}$ (siehe ➢ 22). Tatsächlich hat man π auf über 50 Milliarden Dezimalstellen genau berechnet, und mehrere Menschen haben diese Zahl bis zu 4000 Stellen hinter dem Komma auswendig aufgesagt. Das ist einerseits beeindruckend, andererseits aber ziemlich unnütz. Wenn man π mit 39 Dezimalstellen benutzen würde, um einen Kreis zu berechnen, der das gesamte bekannte Universum umfasst, hätte man den Umfang bis auf die Breite eines Wasseratoms genau ermittelt. Natürlich sähe der Annäherungswert für π dann fogendermaßen aus: 3,14159 26535 89793 23846 26433 83279 50288 4197...

Die Zahl 10^{39}, eine 1 mit 39 Nullen, heißt **Sextilliarde**. Falls Sie den Verdacht haben, dass eine irgendwo bei Ihnen zu Hause rumhängt, sie sieht so aus:

1 000 000 000 000 000 000 000 000 000 000 000 000 000 000

In der 39. Folge von ›South Park‹ mit dem Titel »Wenn der Vater mit dem Vater« stirbt Kenny nicht. Das liegt daran, dass er in dieser Folge gar nicht auftaucht, ihr Schweine!

36 37 38 40 41 42 43

Mit welchen 4 Gewichten kann man auf einer Waage mit 2 Schalen jede beliebige Grammzahl von 1 bis 40 wiegen, wobei die Gewichte jeweils auf beiden Seiten der Waage platziert werden können? Dies ist das berühmte Bachet-Problem aus dem Jahr 1612. Die Antwort lautet: 1, 3, 9 und 27. Um zu diesem Ergebnis zu kommen, ist zunächst klarzustellen, dass die Waage ein Gewicht direkt messen kann:

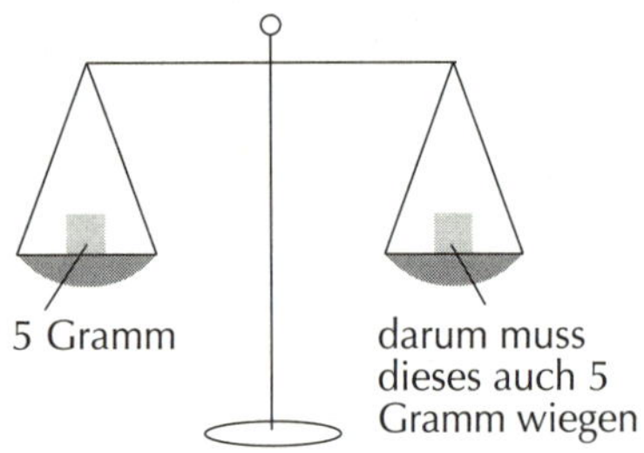

Aber man kann auch etwas wiegen, indem man auf beide Waagschalen Gewichte legt:

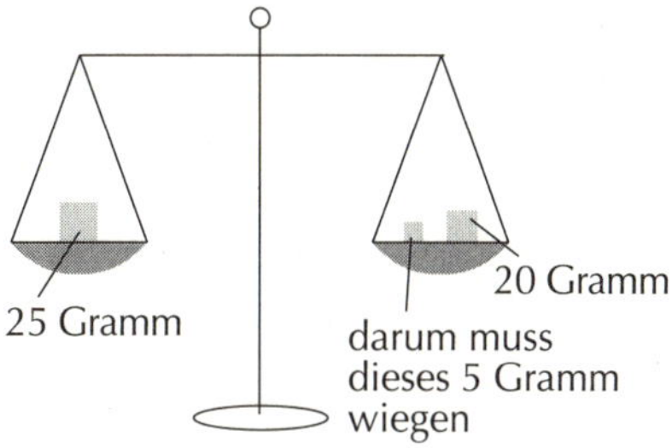

Überzeugen Sie sich selbst davon, dass die Gewichte 1, 3, 9 und 27 ausreichen, um jedes Gewicht von 1 Gramm bis 40 Gramm zu wiegen.

40 ist eine abundante Zahl.

Die Zahl 40 taucht sehr oft in der Bibel auf: Moses verbrachte 40 Tage und 40 Nächte auf dem Berg Sinai, bevor er die 10 Gebote empfing; die Israeliten wanderten 40 Jahre lang durch die Wüste; Jesus fastete 40 Tage und 40 Nächte in der Wüste und erschien den Jüngern 40 Tage nach seiner Auferstehung.

40 ist die Rekordzahl der Jahre, die eine Schlange jemals gelebt hat. Es war eine Boa Constrictor.

Einen Regenbogen sieht man nur morgens oder am späten Nachmittag, und zwar, wenn die Sonne maximal 40° über dem Horizont steht.

Minus 40° Celsius entspricht exakt minus 40° Fahrenheit. Nur bei diesem einen Wert stimmen die beiden Skalen überein.

Eine Kuh produziert im Durchschnitt pro Tag 40 Gläser Milch.

38 39 40 41 42 43 44

Der berühmte Schweizer Mathematiker Leonhard Euler hat in seinem unglaublichen Leben buchstäblich Tausende von Dingen entdeckt. Eins davon war die Formel $n^2 + n + 41$, die harmlos aussieht, aber die erstaunliche Eigenschaft hat, dass für ganze Zahlen $n = 0$, $n = 1$, $n = 2$ bis $n = 39$ eine Primzahl das Ergebnis ist. Das heißt im Einzelnen:

$0^2 + 0 + 41 = 0 + 0 + 41 = 41$ – das ist eine Primzahl;
$1^2 + 1 + 41 = 1 + 1 + 41 = 43$ – das ist eine Primzahl;
$2^2 + 2 + 41 = 4 + 2 + 41 = 47$ – das ist eine Primzahl;
$3^2 + 3 + 41 = 9 + 3 + 41 = 53$ – das ist eine Primzahl;

usw. bis hin zu

$39^2 + 39 + 41 = 1521 + 39 + 41 = 1601$,

was ebenfalls eine Primzahl ist. Dagegen ist $40^2 + 40 + 41 = 1681$ und das ist 41×41. Das war ein wirklich guter Versuch, Leonhard.

Jane Austen ist im Alter von 41 Jahren gestorben. Während ihres Lebens (1775–1817) hat sie 6 Romane verfasst, was eine beachtliche Leistung ist und Gwyneth Paltrow noch jahrelang mit Arbeit versorgen wird.

Jeder hat schon mal verschiedene Theorien über älteste Brüder, mittlere Schwestern etc. gehört. Ich bin jedenfalls sicher, dass alle Kinderpsychologen dieser Welt sicher gerne die Gelegenheit hätten, die beiden Kinder der Engländerin Elizabeth Buttle zu interviewen, die in einem Rekordabstand von 41 Jahren geboren wurden.

Wolfgang Amadeus Mozart hat 41 Sinfonien produziert, die letzte davon war die Jupiter-Sinfonie in C-Dur. Er hat keine Filmmusik komponiert und war nie Mitglied einer Teenie-Boy-Group – aber er hat, ohne sich dessen bewusst gewesen zu sein, in Hunderten von Fällen die Begleitmusik für Autowerbungen geschrieben.

39 40 41 42 43 44 45

Jede ganze Zahl kann zerlegt werden. Eine Zahl **zerlegen** bedeutet, sie als Summe anderer ganzer Zahlen zu schreiben.

$7 = 4 + 2 + 1$, $7 = 5 + 2$ und
$7 = 3 + 1 + 1 + 1 + 1$ sind Zerlegungen der Zahl 7.

Quizfrage:

Es gibt 42 Möglichkeiten, die Zahl 10 zu zerlegen. Versuchen Sie sie zu finden! Achten Sie darauf, dass keine sich wiederholt, und schreiben Sie Ihre Gleichungen daher in einer sinnvollen Reihenfolge auf.

Im Japanischen heißt die arabische Zahl 42 *Shi Ni*, was dem japanischen *Shinu*, sterben, sehr ähnlich ist. Daher ist die 42 für manche Japaner äußerst verdächtig. Nicht so für Masao Asano, der 1963 beim Grand Prix auf dem Suzuki-Ring in Nagoya in seinem weißen Austin Healey mit der Startnummer 42 ins Rennen ging. Der Austin trug diese Nummer 42, als er mit aufheulendem Motor direkt an der Startlinie stand. Er trug die 42, als er am Ende der ersten Runde in Führung ging. Zu Masao Asanos Pech trug der Austin die 42 auch noch, als er außer Kontrolle geriet, von der Bahn abkam, in einen Graben raste und Masao dabei ums Leben kam. Der Japanische Autoverband verbot daraufhin die Verwendung der Nummer 42 bei allen Wagen, die an Rennen teilnahmen.

Laut »Deep Thought«, dem Computer in Douglas Adams ›Per Anhalter durch die Galaxis‹, ist die Antwort auf das Leben, das Universum und überhaupt alle Fragen die Zahl 42. Niemand weiß so genau, ob das stimmt, aber falls ja, würde die Bedeutung des Lebens bei einer Mehrwertsteuer von 10% dann 46,2 betragen?

Man braucht 42 Muskeln, um die Stirn zu runzeln – aber manchmal ist es das wirklich wert.

40 41 42 43 44 45 46

Die 43 ist die 12. glückliche Zahl, außerdem ist sie eine Primzahl.

Quizfrage:

Es gibt 25 Primzahlen zwischen 1 und 100 – die 43 eingeschlossen. Finden Sie sie! (Achtung: 1 ist keine Primzahl.)

Als die Originalausgabe dieses Buchs gedruckt wurde, stand auf der Bestsellerliste aller Zeiten die Taschenbuchausgabe von Anne Rices ›Interview mit einem Vampir‹ an 43. Stelle. Ca. 3 Millionen Exemplare waren bis dahin verkauft. Der meistverkaufte Bestseller aller Zeiten ist mit über 11 Millionen verkauften Exemplaren die Taschenbuchausgabe von John Grishams ›Die Akte‹. Natürlich wird sich durch ›Das Buch der Zahlen‹ von Adam Spencer nun alles verändern.

41 42 43 44 45 46 47

Bei 6 Objekten in einer Reihe gibt es 44 Möglichkeiten, sie neu anzuordnen, ohne dass eines an seine alte Stelle gesetzt wird. Mit anderen Worten: Wenn 6 Menschen 6 verschiedene Hüte tragen und sie diese Hüte so tauschen, dass keiner seinen alten Hut bekommt, dann gibt es 44 verschiedene Arten, die Hüte zu tauschen.

Eine Tasse Tee am Tag soll das Risiko eines Herzinfarkts um bis zu 44 % verringern.

Obwohl unsere Nasen über 5 Millionen olfaktorische Zellen zum Riechen verfügen, können Schäferhunde 44-mal besser riechen als wir, denn sie haben 220 Millionen dieser Zellen. Allerdings duften nur wenige von uns 44-mal besser als sie.

Im Jahr 44 v. Chr., 2 Jahre nachdem er ein für alle Mal das Kalenderproblem gelöst hatte (siehe ➢ 46), wurde Julius Cäsar ermordet. Pech gehabt, Julius, aber immerhin sind wir uns alle über das Datum einig, an dem das passiert ist.

42 43 44 **45** 46 47 48

Die 45 ist die 3. **Kaprekar-Zahl**. Eine Kaprekar-Zahl im Quadrat genommen ergibt wieder die Originalzahl, wenn man die Zahl aus den *n* Ziffern der rechten Seite mit der Zahl aus den *n* oder *n* – 1 Ziffern der linken Seite addiert.

$45^2 = 2\,025$, und $20 + 25 = 45$

Quizfrage:

Welche der folgenden 8 Zahlen sind Kaprekar-Zahlen?

51, 55, 59, 91, 99, 103, 295, 297

Der Körper eines erwachsenen Menschen enthält durchschnittlich 45 Liter Wasser und genauso viel Kohlenstoff wie ein 12-kg-Sack Koks (das schwarze Zeug), zudem so viel Phosphor wie von 2 200 Streichholzköpfen, genug Eisen, um daraus einen 25 Millimeter langen Nagel zu machen, und genug Kalk zum Weißeln eines kleinen Schuppens. Bedenken Sie bitte, dass man keinen dieser Stoffe auf einfache, schmerzfreie oder legale Weise aus dem Körper eines beliebigen Menschen gewinnen kann.

Einer der Höhepunkte in Martin Scorseses Film ›Casino‹ von 1995 ist ein Auftritt von Sharon Stone als Ginger, der Ehefrau eines Kasino-Bosses, der von Robert de Niro gespielt wird. Das mit goldenen und weißen Perlen verzierte Kleid, das sie in der Szene trägt, wog 45 britische Pfund (20 kg) und hätte aus ihrer berühmten Beinbewegung in dem Film ›Basic Instinct‹ ein Ganzkörpertraining gemacht.

43 44 45 46 47 48 49

9 Schnitte durch eine Pizza ergeben bis zu 46 Stücke.

Wie lange dauert 1 Jahr? Ich weiß, wie blöd diese Frage klingt, aber warten Sie mal ab. Wahrscheinlich lautet Ihre Antwort »365 Tage« oder »365 oder 366 Tage, je nachdem, ob es sich um ein Schaltjahr handelt«. Vielleicht wissen Sie sogar, dass das Sonnenjahr (die Zeit, die die Erde für ihren Weg um die Sonne benötigt) ungefähr 365 Tage, 5 Stunden und 49 Minuten lang ist – und ich betone, dass dies nur ungefähre Angaben sind. Aber man war nicht immer so exakt. Um 700 v. Chr. benutzten die Römer einen Kalender mit 10 Monaten und 355 Tagen. Für die Bauern war allerdings ganz offensichtlich, dass dies ungefähr 10 Tage zu wenig waren, denn die Jahreszeiten stimmten schon bald nicht mehr mit dem Wetter überein. Um dieses Problem zu beseitigen, ersannen die Priester und Adeligen verschiedene Strategien. Meistens wurden zusätzliche Monate hier und da eingeschoben, um die fehlenden Tage zu ersetzen. Allerdings funktionierte dieses System aus verschiedenen Gründen nicht reibungslos: Die Menschen waren häufig verwirrt, weil sie nicht wussten, wann die zusätzlichen Monate dran waren; oftmals war es aus politischen Gründen angebracht, den normalen Ablauf zu manipulieren und die Daten der anstehenden Feste und Zeremonien zu ändern; und manchmal hatte der Große Boss auch einfach etwas Besseres zu tun – ich meine, wenn Sie sich aussuchen könnten, ob Sie ein paar Stunden mit Kleopatra rumknutschen oder sich überlegen, ob der Februar vielleicht um ein paar Tage verlängert werden sollte, was würden Sie dann lieber tun? Um das Jahr 46 v. Chr. geriet die Lage außer Kontrolle, der Kalender wich um fast 2 Monate vom Sonnenjahr ab. Cäsar brachte alles auf einen Schlag wieder ins Lot: Er fügte die 23 schon für Februar fälligen Tage sowie 2 weitere Monate mit 33 beziehungsweise 34 Tagen einfach zwischen November und Dezember ein. Im Ergebnis hatte das Jahr 46 v. Chr. – Cäsar nannte es »Ultimus annus confusionis« (das letzte Jahr der Verwirrung) – sage und schreibe 445 Tage.

Die längste Bratwurst aller Zeiten war 46 Kilometer lang. Hergestellt haben sie 1995 M&M Meat Shops und S. M. Schneider aus Kitchener, Ontario.

Zur Zeit werden 46% der verstorbenen Australier begraben (was mit den anderen geschieht, erfahren Sie unter ➢ 54).

44 45 46 47 48 49 50

47 ist eine **Ulam-Zahl**. Die Ulam-Zahlen erhalten wir, indem wir die Zahlen 1, 2, 3 aufschreiben und dann alle Zahlen, die man *nur ein einziges Mal* als Summe zweier anderer Zahlen aus der Reihe schreiben kann. Da 1 + 3 = 4 ist, schreiben wir die 4 auf, aber nun, da die Reihe 1, 2, 3, 4 lautet, entfällt die 5, denn 5 = 1 + 4 *und* 5 = 2 + 3. Die Reihe der Ulam-Zahlen beginnt fogendermaßen: 1, 2, 3, 4, 6, 8, 11, 13, 16, 18 ...

Quizfrage:

Versuchen Sie, alle Ulam-Zahlen unter 100 herauszufinden. Das ist verdammt schwierig. Beginnen Sie mit 19 und prüfen Sie, ob 19 nur einmal als Summe zweier Zahlen aus der Reihe geschrieben werden kann. Wenn das der Fall ist, kommt die 19 mit auf die Liste. Wenn nicht, entfällt sie. Überprüfen Sie dann 20, 21 usw.

In Billy Wilders großartiger Komödie ›Manche mögen's heiß‹ benötigte Marilyn Monroe 47 Klappen, um den Satz »Ich bin's, Süßer« korrekt auszusprechen. Stattdessen sagte sie entweder »Süßer, ich bin's« oder

»Ich, Süßer, bin's«. In einer anderen Szene sollte sie ein paar Schränke durchwühlen und sagen »Wo ist der Bourbon?«. Nicht allzu schwierig, sollte man meinen. Aber nach 40 Versuchen, bei denen sie Dinge sagte wie »Wo ist der Whiskey?«, »Wo ist die Flasche?« oder »Wo ist das Bonbon?« klebte der Regisseur den richtigen Satz in jeden Schrank hinein. Beim 59. Mal hatte sie es dann endlich geschafft.

45 46 47 48 49 50 51

48 und 75 sind **befreundete Zahlen**. Dieses glückliche Paar ist miteinader verbunden, weil 48 die Teiler 1, 2, 3, 4, 6, 8, 12, 24 und 48 hat und die Summe dieser Faktoren, 1 und 48 ausgenommen 75 ergibt. Und: Die Summe der Teiler von 75, ausgenommen 1 und 75, ist, Sie haben es erraten, 48. Überprüfen Sie das doch gleich. Also, 48 und 75 sind miteinander befreundet. Wie nett!

Quizfrage:

Welche 2 der folgenden Zahlenpaare sind ebenfalls miteinander befreundet? 84 und 88; 140 und 195; 108 und 171; 1 575 und 1 648.

Eine Kartoffel hat 48 Chromosomen, 2 mehr als die meisten Menschen. Was zu der Erkenntnis führt, dass Chromosomen ein Anfang sind, aber nicht alles.

Ferkel sind schnell wachsende kleine Wesen. Sie wachsen sogar so schnell, dass für die Dreharbeiten zum Film ›Ein Schweinchen namens Babe‹ 48 von ihnen gebraucht wurden.

48 ist eine abundante Zahl.

Eine von Charlie Sheens besseren Rollen war die eines Drogenabhängigen in ›Ferris macht blau‹. Zur Vorbereitung auf diese Rolle hat er 2 Tage lang nicht geschlafen. Charlie Sheen ist in seinem Leben häufig länger als 48 Stunden lang wach geblieben, aber dies ist der einzige bekannte Fall, in dem er es aus künstlerischen Motiven gemacht hat.

46 47 48 49 50 51 52

49 ist die 13. glückliche Zahl; es ist außerdem eine vollkommene Quadratzahl: 7 x 7 = 49. Und jetzt sehen Sie sich Folgendes mal genau an und beeindrucken Sie Ihre Freunde damit:

7 x 7 = 49
67 x 67 = 4 489
667 x 667 = 444 889
6 667 x 6 667 = 44 448 889

Quizfrage:

Was ist $666\ 667^2$?

Die längste Zeit, die ein Nilpferd sich im Schlamm gewälzt und im Großen und Ganzen ein amüsantes Leben geführt hat, war 49 Jahre. Im Durchschnitt wird ein Nilpferd nur 30 Jahre alt.

47 48 49 50 51 52 53

50 ist die kleinste Zahl, die man auf 2 verschiedene Arten als Summe zweier Quadratzahlen darstellen kann: $5^2 + 5^2 = 50$ und $7^2 + 1^2 = 50$.

Quizfrage:

Wie heißt die nächste Zahl, die auf 2 verschiedene Arten als Summe aus 2 Quadratzahlen dargestellt werden kann? Hinweis: Sie ist kleiner als 100.

Aber die 50 ist sogar von noch größerer Bedeutung. Zum Beispiel verbraucht die Besetzung von ›Baywatch‹ pro Saison am Set 50 Gallonen Sonnencreme (1 Gallone = 4,5459 l), und Fliegen können 50-mal schneller beschleunigen als eine Weltraumrakete.

Der höchste Platz auf der Liste der Einschaltquoten, den ›Raumschiff Enterprise‹, die berühmteste Science-Fiction-Fernsehserie aller Zeiten, jemals erreicht hat, war der 50. Die 1. Staffel, die zwischen 1966 und 1969 lief, war ein totaler Flop. Und für die Werbung war die Serie ebenfalls nicht attraktiv, denn die meisten Zuschauer waren Kinder und Teenager, deren Kaufkraft als gering eingeschätzt wurde. Nun, die armen Teenies von gestern sind die reichen, übergewichtigen Computerprogrammierer von heute – so sieht es nämlich aus.

Der absolute Bestseller unter den Jazzmusikern ist der heftig dauergewellte Klarinettenspieler Kenny G.: Er hat 50 Millionen Platten verkauft. Und ich kann voller Stolz sagen, dass ich zu dieser Zahl rein gar nichts beigetragen habe.

Die 1. bekannte Gewichtseinheit war die **Mine**. Die Babylonier hatten sie erfunden, die Hethiter, Phönizier, Assyrer, Ägypter, Hebräer und Griechen übernahmen sie. Das Gewicht der Mine variierte zu verschiedenen Zeiten und in den verschiedenen Kulturen von ca. einem halben bis zu einem Kilogramm. In dem Maßsystem der Hebräer waren 60 Schekel 1 heilige Mine, und 50 heilige Minen 1 heiliges Talent. Die alten Kulturen verwendeten auch die Gewichtseinheit Gran; sie entsprach einer bestimmten Anzahl von Getreidekörnern. Der sumerische Schekel entsprach beispielsweise dem Gewicht von 180 Weizenkörnern. Dieses Prinzip hat bis heute überlebt, das *Perlengran* von ca. 50 Milligramm wird benutzt, um Perlen und Juwelen zu wiegen.

Die längste Lebenszeit einer Termite betrug 50 Jahre. Wie sie dieses Jubiläum feierte ist unbekannt, aber ich vermute, dass sie und ihre Kumpel ein nettes Restaurant gefunden und verspeist haben.

48 49 50 **51** 52 53 54

Die Spionage-Ulkshow ›Mini-Max oder Die unglaublichen Abenteuer des Maxwell Smart‹, die in den 60er Jahren im Fernsehen lief, hatte 138 Folgen, in denen 51 unterschiedliche Telefone zu sehen waren. Im einzelnen waren dies:

- ein Adressbuch-Telefon
- ein Axt-Telefon
- ein Ballon-Telefon
- ein Gürtel-Telefon
- ein Aktentaschen-Telefon
- ein Bunsenbrenner-Telefon
- ein Autoheizungs-Telefon
- ein Wanduhr-Telefon
- ein Kamm-Telefon
- ein Kompakt-Telefon
- ein Gänseblümchen-Telefon
- ein Hufeisen-Telefon
- ein Teigkringel-Telefon
- ein Brillen-Telefon
- ein Fingernagel-Telefon
- ein Kamin-Telefon
- ein Gefrierfach-Telefon
- ein Strumpfband-Telefon
- ein Golfschuh-Telefon
- ein Revolver-Telefon
- ein Föhn-Telefon
- ein Taschentuch-Telefon
- ein Kopfstützen-Telefon
- ein Scheinwerfer-Telefon
- ein Schlauch-Telefon
- ein Hotline-zum-Weißen-Haus-Telefon
- ein Hydranten-Telefon
- ein Eiswaffel-Telefon
- ein Jackettärmel-Telefon

- ein Feuerzeug-Telefon
- ein Longhorn-Telefon
- ein Zeitschriften-Telefon
- ein Mikroskop-Telefon
- ein Mini-Telefon, versteckt unter einem normalen Telefon
- ein Mami-Telefon
- ein 99er-Porträt-Telefon
- ein Parfumzerstäuber-Telefon
- ein Telefon-Telefon
- ein Grünpflanzen-Telefon
- ein Sandwich-Telefon
- ein Hirtenstab-Telefon
- ein Schuh-Telefon
- ein Socken-Telefon
- ein Lenkrad-Telefon
- ein Reagenzglas-Telefon
- ein Thermosflaschen-Telefon
- ein Daumennagel-Telefon
- ein Krawatten-Telefon
- ein Brieftaschen-Telefon
- ein Armbanduhren-Telefon
- ein Feldflaschen-Telefon

Im Jahre 51 v. Chr. wurde Kleopatra Königin von Ägypten.

51 ist die 14. Glückszahl.

52 ist eine **unerreichbare Zahl**: Sie ist in keinem Fall die Summe der Teiler irgendeiner anderen Zahl. Was zum Teufel das nun wieder bedeuten soll? Nun ja, die Teiler der Zahl 38 sind 1, 2 und 19, und 1 + 2 + 19 = 22. Also ist 22 die Summe der Teiler von 38 und somit keine unerreichbare Zahl. Analog dazu sind die Teiler der Zahl 60 1, 2, 3, 4, 5, 6, 10, 15, 20 und 30, und 1 + 2 + 3 + 4 + 5 + 6 + 10 + 15 + 20 + 30 = 108. Also ist 108 ebenfalls keine unerreichbare Zahl. Aber keine Zahl hat Teiler, die in der Summe 52 ergeben. Die einzigen anderen unerreichbaren Zahlen unter 100 sind 2, 5, 88 und 96.

Ein Standardkartenspiel in Westeuropa und den USA hat 52 Karten, Joker nicht eingeschlossen. Diese Karten stammen eigentlich vom Tarot ab, das 56 Karten hat und im mittelalterlichen Italien sehr beliebt war. Die Abbildungen auf den Karten zeigten ursprünglich französische Symbole; so waren bei den Pikfarben Piken dargestellt und bei den Kreuzfarben war ein Kleeblatt abgebildet. Die Gestaltung der Rückseiten variiert sehr stark, von gewöhnlichen Mustern über Whiskey-Werbung bis hin zu pornografischen Fotos minderer Qualität. Bevor Sie den Satz »Herzlichen Glückwunsch zum Geburtstag, Großmutter!« ausrufen, empfehle ich Ihnen dringend, sich die Rückseite des betreffenden Kartenspiels genau anzuschauen.

Napoleon wurde 52 Jahre alt, bevor er im Jahre 1821 auf der britischen Insel St. Helena im Südatlantik verschied.

Quizfrage:

Welcher Prominente mitsamt Bodyguard-Begleitung schlug einen Autogrammjäger zusammen und bekam dafür exakt 52 Therapiesitzungen zur Kontrolle seiner Aggressionen verordnet?

50 51 52 **53** 54 55 56

Bearbeiten Sie folgende Aufgabe: Suchen Sie eine Zahl, bei der ein Rest von 2 bleibt, wenn man sie durch 3 teilt, ein Rest von 3, wenn man sie durch 5 teilt, und ein Rest von 4, wenn man sie durch 7 teilt. Gut, los geht's. Wenn Sie die Aufgabe selbst lösen wollen, decken Sie die Seite einfach zu.

- Wir fangen mit der 3. Forderung an. Bei welcher Zahl bleibt ein Rest von 4, wenn man sie durch 7 teilt? Ganz klar, die 11 ist so eine Zahl, denn $11 = 7 + 4$, und 18 ebenfalls, denn $18 = 14 + 4$.
- Das Schema ist klar: Eine Zahl, bei der ein Rest von 4 bleibt, wenn sie durch 7 geteilt wird, muss ein Vielfaches von 7 + 4 sein. Die entsprechende Formel, in der x die gesuchte Zahl ist, lautet $x = 7k + 4$, wobei k eine ganze Zahl ist.
- Weiter: Die anderen Forderungen, die wir erfüllen müssen, sind $x = 5m + 3$ und $x = 3p + 2$; m und p sind jeweils ganze Zahlen. (Sie können k, m und p oder beliebige andere Buchstaben verwenden. Wir schreiben lediglich unterschiedliche Buchstaben in jeder Gleichung, damit wir nicht unterstellen, dass k, m und p die gleiche Zahl bedeuten. Nur das x muss immer gleich sein.)

- So, und jetzt lösen wir diese Mammutaufgabe durch puren Fleiß.
  Die Lösungen für $x = 7k + 4$ sind 11, 18, 25, 32, 39, 46, 53, 60, 67, 74, 81, 88, 95 ...
- Wenn Sie alle Lösungen für $x = 5m + 3$ aufschreiben, sollte es nur 3 Zahlen geben, die in beiden Reihen vorkommen.
  Es sind 18, 53 und 88.
- Jetzt prüfen Sie die 3. Forderung, indem sie diese Zahlen durch 3 teilen und sehen, welcher Rest dabei jeweils übrig bleibt. Wenn man bedenkt, welches Kapitel dies ist, dürfte die Überraschung nicht besonders groß sein: Die Zahl, die alle Bedingungen erfüllt, ist die 53.

53 ist die Anzahl der Atome von Jod. Jod hat viele Mütter zu Lügnerinnen gemacht, nämlich immer dann, wenn sie es auf die zerschrammten Knie ihrer Kinder auftrugen und dabei sagten: »Es tut überhaupt nicht weh.«

John Wallis, ein Gelehrter des 17. Jahrhunderts, war der einflussreichste englische Mathematiker vor Newton. Einmal berechnete er im Kopf die Quadratwurzel einer Zahl bis auf 53 Stellen hinter dem Komma genau, wenn man auch dazu sagen muss, dass er erst einen ganzen Monat später das Ergebnis diktiert hat. Dies ist ein ziemlich typisches Beispiel dafür, was John alles konnte, aber einzigartig daran ist die Tatsache, dass er damals genau 53 Jahre alt war. Die meisten kopfrechnenden Genies sind nämlich Kinder.

Von Algerien bis Simbabwe, über Marokko, Togo und Uganda, es gibt 53 Länder in Afrika.

Und $53 = 2^2 + 7^2 = 1^2 + 4^2 + 6^2$

51 52 53 54 55 56 57

Was ist der ärgerlichste Gegenstand, der jemals erfunden wurde? Natürlich Rubiks Zauberwürfel, ein Plastikwürfel, der aus verschiedenen kleineren Würfeln in 6 Farben besteht. Erno Rubiks 1. funktionierender Prototyp wurde 1974 hergestellt. Nach vielen Experimenten entschied Erno sich für den Würfel mit 3 x 3 Einheiten und 54 Feldern auf der Oberfläche. Womit die Aufgabe verdammt schwierig zu lösen ist.

Zacharias Dase, geboren 1824 in Hamburg, rechnete aus, dass
79 532 853 x 93 758 479 = 7 456 879 327 810 587
ist. Benötigte Zeit: 54 Sekunden.

Der Weltrekord im Hochstelzenlaufen wird gehalten von Doug Hunt, der in Brantford, Ontario in Kanada 54 Schritte auf 15,375 Meter hohen Stelzen zurückgelegt hat. Damit löste er Steady Eddies bisherigen Rekord auf 12,44 hohen Stelzen ab. Gut gemacht, Doug. Ich meine, 12,44 Meter, das sind ja nichts weiter als ein Paar Schuhe mit anständigen Plateausohlen, würde ich sagen.

Die 54 ist eine abundante Zahl.

Den aktuellen Zahlen zufolge, lassen sich 54% der Australier verbrennen – nachdem sie gestorben sind natürlich. Lesen Sie dazu auch ➢ 46.

Quizfrage:

1954 machte Elvis seine einzige Fernsehwerbung. Was pries er dabei an?

Die legendärste Disco aller Zeiten war das Studio 54, in der 54. Straße Nr. 254 West in New York.

Quizfrage:

Wer spielte den Clubbesitzer Steve Rubell in dem Film ›54‹ (1998)?

52 53 54 55 56 57 58

Schichten Sie eine Reihe von Tennisbällen so auf, dass jede Lage ein Quadrat bildet. Ziemlich schwierig, was? Aber wenn Sie es schaffen würden, hätte die oberste Lage 1 Ball, die 2. 4 Bälle, die 3. 9, die nächste 16 usw. Die Gesamtzahl der Bälle in diesem Stapel sind die **quadratischen Pyramidenzahlen**: 1, 5, 14, 30 ... und 55 ist die 5. davon.

Quizfrage:

Wie heißen die nächsten 3 quadratischen Pyramidenzahlen nach der 55?

Als die Astronauten der Apollo 12 1969 auf dem Mond landeten, verursachte dies eine Vibration auf der Mondoberfläche, die 55 Minuten lang anhielt. Diese Vibrationen wurden mit Laborinstrumenten aufgezeichnet. Geologen vermuteten daraufhin, dass die Mondoberfläche aus dünnen Gesteinsschichten zusammengesetzt ist. Damit wurden diejenigen eines Besseren belehrt, die immer behauptet hatten, der Mond bestehe aus Käse.

55 ist die 10. Fibonacci-Zahl und die 4. Kaprekar-Zahl. Außerdem ist 55 die Summe aller Zahlen von 1 bis 10:

$$1 + 2 + 3 + 4 + 5 + 6 + 7 + 8 + 9 + 10 = 55,$$

womit 55 auch die 10. Dreieckszahl ist. Wenn Sie jemanden mal so richtig verunsichern wollen, könnten Sie folgende Frage stellen: »Was ist Ihre Lieblings-Dreiecks-, Kaprekar-, quadratische Pyramiden- und Fibonacci-Zahl? Meine ist 55!«

53 54 55 56 57 58 59

Wenn Sie Tennisbälle in dreieckigen Lagen stapeln, dann bestehen sie aus 1, 3, 6 und 10 Bällen usw. Eine dreieckige Pyramide heißt **Tetraeder**. Daher sind 1, 4, 10, 20 ... Tetraederzahlen. Man addiert die Zahl der Bälle jeder Lage und erhält so die Zahlen der folgenden Reihe:

$1 + 3 = 4$
$1 + 3 + 6 = 10$
$1 + 3 + 6 + 10 = 20$
usw.

Erkennen Sie, dass die Tetraederzahlen genau mit den Summen der Dreieckszahlen übereinstimmen? Unter ➢ 55 ist übrigens auch zu erkennen, dass die quadratischen Pyramidenzahlen mit den Summen der Quadratzahlen identisch sind.

Quizfrage:

Überzeugen Sie sich davon, dass 56 die 6. Tetraederzahl ist.

Der Rekord von aufeinander folgenden K.o.s bei einem einzigen Ninja-Schwergewichts-Tournier liegt bei 56. Diese Leistung vollbrachte der bemerkenswerte Frank W. Dux, der Weltmeister der späten 70er Jahre. In dem Film über sein Leben, ›Eine wahre Geschichte‹ (1988), spielten die »Muskeln von Brüssel«, also Jean-Claude van Damme, die Hauptrolle.

56 ist eine abundante Zahl.

54 55 56 57 58 59 60

In den 90er Jahren des 19. Jahrhunderts prägte der deutsch-amerikanische Unternehmer Henry Heinz in New York einen der berühmtesten Werbeslogans zur Beschreibung der von ihm kreierten großen Auswahl an Ketchupsorten und Saucen. Der Slogan »57 Sorten« war ein Knüller, trotz der Tatsache, dass Henry zu dieser Zeit eigentlich 65 Produkte im Angebot hatte. Henry mochte angeblich die Zahl 57 besonders gerne.

Die australische Libelle ist das schnellste Insekt. Sie erreicht eine Spitzengeschwindigkeit von ungefähr 57 km/h.

57 Buchstaben hat der längste offizielle Ländername: Al Jumahiriyah al Arabiyah al Libiyah ash Shabiyah al Ishtirakiyah. Kein Wunder, dass wir's einfach »Libyen« nennen!

Die höchste jemals gemessene Temperatur wurde 1992, an einem besonders heißen Tag in Azizia ermittelt – Sie haben es erraten, das liegt in Libyen. Das Quecksilber stieg damals auf über 57°C.

55 56 57 **58** 59 60 61

Der Planet Merkur ist fast 58 Millionen Kilometer von der Sonne entfernt. Er rast mit fast 48 Kilometern pro Sekunde durch das Weltall. Die Venus hat eine Geschwindigkeit von 35 km/s, die Geschwindigkeit der Erde beträgt knapp 30 km/s.

Das Zeitalter des Eozän dauerte 58 Millionen Jahre. Zu dieser Zeit planschten haufenweise halb im Wasser lebende Säugetiere herum, außerdem gab es Reptilien, Vögel, Fische und Myriaden von Insekten.

Die Summe der ersten 7 Primzahlen beträgt 58.

56 57 58 59 60 61 62

Leonhard Euler hat Folgendes bewiesen:

$635\,318\,657 = 59^4 + 158^4 = 133^4 + 134^4$

Das heißt, es gibt eine Zahl, die sich auf 2 verschiedene Arten als Summe zweier Viererpotenzen ausdrücken lässt.

1 Tag auf dem Merkur dauert 59 Erdentage.

Der griechische Astronom Oenopides entdeckte das »Große Jahr«: Ursprünglich war dies der Zeitraum, nach dessen Ablauf die Bewegungen der Sonne und des Mondes wieder von vorne begannen. Später änderte sich die Bedeutung, und man bezog zudem die Bewegungen der Planeten mit ein. Das heißt, nach Ablauf eines Großen Jahres mussten alle wieder an ihre ursprüngliche Position zurückgekehrt sein. Dann begann das nächste Große Jahr. Ein Großes Jahr ist so lang wie 59 Erdenjahre. Wenn Sie an Neujahr jemandem also ein »großes neues Jahr« wünschen, sollten Sie daran denken, dass er das Ende dieses Jahres vielleicht schon nicht mehr erleben wird.

Komodowarane wiegen im Durchschnitt 59 Kilogramm. Vielleicht versuchen Sie ja gerade, für einen befreundeten Komodowaran ein trägerloses, schulterfreies rotes Top zu ergattern – eines in Größe 40 dürfte genau richtig sitzen.

Die längste Zeit, die ein Schimpanse herumturnend, seinen Kopf kratzend und groß und zahnig lächelnd verbracht hat, waren 59 Jahre.

Unter den menschlichen Kanonenkugeln dieser Welt – einer, wie wir zugeben müssen, ziemlich belastbaren Gruppe von Männern und Frauen – gibt es einen, der absolut heraussticht. Der große Donner, der Guru des Schießpulvers, der Sultan reiner Verrücktheit ist Dave Smith sen., ein amerikanisches Projektil, das den Weltrekord von 59 Metern zurückgelegt hat. Zum Vergleich: Ein normaler Mensch würde für diese Strecke zu Fuß 20 Sekunden brauchen, mit viel weniger Vorbereitungszeit, ohne jedes Risiko einer Verletzung und ohne die Notwendigkeit, einen dämlichen paillettenbesetzten Schutzanzug dafür anziehen zu müssen (es sei denn, er bestünde darauf).

Ein Boxkampf mit 15 Runden dauert 59 Minuten.

57 58 59 60 61 62 63

Die Babylonier und die Chaldäer hatten ein Zahlensystem, das auf der Basis 60 aufgebaut war (lesen Sie unter ➢ 10 nach, falls Sie vergessen haben, was das bedeutet), was für unsere dezimal-verwöhnten Gehirne ganz schön anstrengend ist, vor allem, da es auch noch **Sexagesimalsystem** heißt. Aber die 60 hat den Vorteil, durch 2, 3, 4, 5 und 6 sowie 10, 12, 15, 20 und 30 teilbar zu sein. Die Babylonier waren es, die den Kreis in 360 Grad einteilten, und noch heute besteht bei uns eine Stunde aus 60 Minuten und diese aus jeweils 60 Sekunden.

60 ist eine abundante Zahl, und die Größe der inneren Winkel eines gleichseitigen Dreiecks ist 60 Grad.

Der Rekord im Dauer-Dart-Spielen wird angeblich von Vincent Peter gehalten, der ihn an einem unbekannten Datum in Anwesenheit von unbekannten Zeugen aufgestellt hat. Nicht überzeugt? Nun, wir wissen, dass er 60 Stunden lang in der Elain-Town-Hall in Frankreich gespielt, dabei 461 880 Punkte erzielt und 29 292 Dartpfeile geworfen hat. Der bis dahin bestehende Rekord lag bei lediglich 48 Stunden und war von John Macaskill aufgestellt worden.

58 59 60 61 62 63 64

61 und 59 sind Primzahlzwillinge, das heißt ein Primzahlenpaar mit der Differenz 2. Mathematiker haben Millionen solcher Zwillingspaare gefunden: 3 und 5, 41 und 43, 1 000 000 000 061 und 1 000 000 000 063; und die meisten glauben, dass es unendlich viele davon gibt. Allerdings hat es bis jetzt noch keiner bewiesen.

Damals im 18. Jahrhundert gab es nur äußerst selten diese gigantischen, wochenlangen Partys, die wir Mathematiker-Kongresse nennen. Auch gab es nur wenige mathematische Fachzeitschriften. Daher war das Schreiben von Briefen der wichtigste Weg, einem anderen Mathematiker eigene Ideen und Entdeckungen mitzuteilen. Eines Tages knallte bei L'Hôpital ein Brief von Fermat auf den Tisch, in dem dieser ihn aufforderte, die ganzen Zahlen x und y zu ermitteln, die die Gleichung $x^2 - 61y^2 = 1$ lösen würden. Solche Gleichungen, bei denen die Lösungen ganze Zahlen sind, heißen **diophantische Gleichungen** (siehe ➢ 84), und Fermat schüttelte sowas ständig ganz locker aus dem Ärmel. Euler nannte sie Pellsche Gleichungen, was ein bisschen merkwürdig ist, denn Pell hatte gar nichts damit zu tun – aber das ist eigentlich eine andere Geschichte.

Wie auch immer, ich werde Ihren Kopf nicht zum Rauchen bringen, indem ich Sie zur Lösung der Gleichung auffordere; die Antwort lautet: $x = 1\,766\,319\,049$ und $y = 226\,153\,980$. So, Sie finden das schwierig? Fermat fand auch heraus, dass die kleinsten ganzen Zahlen zur Lösung der Gleichung $x^2 - 109y^2 = 1$ die Zahlen $x = 158\,070\,671\,986\,249$ und $y = 15\,140\,424\,455\,100$ sind.

Quizfrage:

Vielleicht macht es Ihnen ja Spaß, mit dem Hinweis, dass $x = 73$ ist, die Gleichung $x^2 - 37y^2 = 1$ zu lösen!

Alle 61 Monate kommt es laut Professor David Saunders vom Psychologischen Institut der University of Chicago zu gehäuften Beobachtungen von UFOs.

59 60 61 62 63 64 65

Amerikas Baseballfans drehten total durch, als Mark McGwire und Sammy Sosa im Jahr 1998 beide ihren 62. Homerun der Saison erzielten und damit den alten Rekord von 61 Homeruns von Roger Maris brachen. Der amerikanische Ingenieur Mike Keith hat festgestellt, dass beim Addieren der Ziffern dieser Zahlen und der Ziffern ihrer Primfaktoren das Ergebnis jeweils das gleiche ist. Wir versuchen es mal. 61 ist eine Primzahl, also ist ihr einziger Primfaktor sie selbst, die 61. Addieren wir die Ziffern von 61 und die Ziffern ihres Primfaktors, erhalten wir also 6 + 1 + 6 +1 = 14. Aber 62 ist 2 x 31, also sind 2 und 31 Primfaktoren von 62. Wenn wir die Ziffern von 62 und die ihrer Primfaktoren addieren, erhalten wir: 6 + 2 + 2 + 3 + 1 = 14. Mike taufte Zahlenpaare dieser Art »Maris-McGwire-Sosa-Paare«. Weitere »MMS-Paare« sind 7 und 8, 14 und 15, 43 und 44, 50 und 51, 63 und 64, 67 und 68, 80 und 81, 84 und 85, bis hin zu 997 und 998. Mehr davon finden Sie auf der Website www.maa.org/mathland/mathtrek_9_28_98.html.

Mohammed lebte bis zu seinem 62. Lebensjahr. Er hatte nicht weniger als 11 Frauen, aber keiner seiner Söhne überlebte, um seine Nachfolge anzutreten.

Elvis Aaron Presley, König des Rock 'n' Roll, bahnte sich mit Karatehieben und Hüftschwüngen seinen Weg zum Rekord von 62 goldenen, paillettengeschmückten LPs.

Das älteste Pferd aller Zeiten und der älteste Vogel Strauß aller Zeiten wurden 62 Jahre alt. So weit ich weiß, haben sie sich nie kennen gelernt.

60 61 62 63 64 65 66

Der am wenigsten beeindruckende Berg der Welt, überhaupt der niedrigste benannte Gipfel, ist der Mount Alvernia auf den Bahamas, der mit einer Höhe von lumpigen 63 Metern über dem Meeresspiegel thront. Ich erwähne dies, ohne damit irgendeine Form von Respektlosigkeit gegenüber den tapferen Abenteurern zum Ausdruck bringen zu wollen, die den Mount Alvernia bezwungen haben.

63 ist die 15. glückliche Zahl.

Katzen und Hunde sind 63 Tage lang trächtig, aber selten voneinander, trotz der größten Anstrengungen vieler Bewerber bei ›Pleiten, Pech und Pannen‹.

61 62 63 64 65 66 67

Die 2. Sechserpotenz nach der 1 ist die 64, außerdem ist sie sowohl Quadrat- als auch Kubikzahl, was sie zu einer sehr handlichen Zahl macht: $64 = 8^2 = 4^3 = 2^6$.

Auf einem Schachbrett gibt es 64 Felder. Zu den sexy klingenden Schachwörtern gehören zum Beispiel »Chaturranga« und »Shatranj« – das sind indische Brettspiele, von denen Schach wahrscheinlich abstammt – sowie »Ruy Lopez« und »Anti-Veresov-Variante«, die verschiedene Eröffnungszüge bezeichnen; und mein Lieblingswort »Zugzwang«, das eine Situation beschreibt, in der man gezwungen ist, einen Zug zu machen, auch wenn dieser einem in jedem Fall schadet. In seiner langen Geschichte wurde das Schachspiel oftmals von religiösen Führern oder Königen verboten, wie zum Beispiel von Ludwig IX., der das Spiel 1254 in Frankreich untersagte. Dass diese Maßnahme zu einer Zeit, in der Europa sich mit den mongolischen Horden herumschlug, die Kreuzzüge wüteten und Frankreich die englische Königsfamilie bekriegte, derartig wichtig sein konnte, entzieht sich meinem Verständnis.

Wenn Sie das nächste Mal Ihre Freunde beeindrucken wollen, können Sie das fogendermaßen tun: Erzählen Sie ihnen, dass 64 in Wirklichkeit 1 000 000 ist. Sie werden Sie entgeistert ansehen, bis Sie ihnen die **binären Zahlen** erklären. Das Dezimalsystem (siehe ➢ 10) haben wir schon besprochen – und binäre Zahlen verwenden eben die 2 als Basis. Wir schreiben 7 038 so, wie wir es schreiben, weil man es auch folgendermaßen ausdrücken kann:

$$7 \times 10^3 + 0 \times 10^2 + 3 \times 10 + 8 \times 1$$

Um eine Zahl als Binärzahl zu schreiben, teilen wir sie nicht in Zehner- sondern in Zweierpotenzen. Zum Beispiel:

$$25 = 1 \times 16 + 1 \times 8 + 0 \times 4 + 0 \times 2 + 1$$

Als Binärzahl würden wir die 25 demnach so schreiben: 11 001.

Nun ist 64 eine Potenz von 2, und um sie als binäre Zahl auszudrücken, notieren wir:

$$64 = 1 \times 64 + 0 \times 32 + 0 \times 16 + 0 \times 8 + 0 \times 4 + 0 \times 2 + 0 \times 1$$

Daraus ergibt sich: 64 = 1 000 000 (in der binären Form).

62 63 64 65 66 67 68

65 ist die konstante Summe in einem magischen Quadrat mit 5 x 5 Feldern. Ein solches Quadrat enthält die Zahlen von 1 bis 25, und die Zahlen in jeder einzelnen Reihe, Spalte oder Diagonalen ergeben addiert 65. Hier sind 2 davon:

1	7	23	20	14
18	15	4	6	22
9	21	17	13	5
12	3	10	24	16
25	19	11	2	8

1	10	22	18	14
17	13	4	6	25
9	21	20	12	3
15	2	8	24	16
23	19	11	5	7

Jackie Chan hat sein Leben bei Auftritten in mehr als 65 Filmen riskiert. Er macht alle Stunts selber – keine Versicherungsgesellschaft würde für seine Filme jemals einen Vertrag unterschreiben.

Haie können bis zu 65 Kilometer in einer Stunde zurücklegen.

Bevor Madonna in ›Evita‹ einen neuen Rekord aufstellte (siehe auch ➢ 85), hatte Elizabeth Taylor in ›Cleopatra‹ die meisten Kostümwechsel in einem Hollywood-Film geschafft – es waren 65.

Und hier noch eine Gleichung mit beachtlichem Sex-Appeal:

$65 = 1^2 + 8^2 = 4^2 + 7^2$

63 64 65 66 67 68 69

Dies ist eine abundante Zahl; außerdem ist es gleichzeitig eine Dreieckszahl und ein Palindrom (siehe ➢ 15).

Quizfrage:

Wie heißen die nächsten beiden Dreieckszahlen nach der 66, die gleichzeitig Palindrome sind?

Die Zahl 66 ist ein Symbol für Allah.

Der Großmeister des Latino-Jazz, Sergio Mendes, und seine Band Brasil 66 landeten 1966 einen Hit mit der Jazz-Bossa-nova-Version von »Mas que nada«. Sergio hatte viele Bands: Brasil 65, Brasil 77, Brasil 88 usw.

Die Bibelversion von König Jakob hat 66 Bücher. Sie hat insgesamt 1 189 Kapitel und 31 371 Verse. 39 Bücher gehören zum Alten Testament – für den Fall, dass Sie es noch nicht gelesen haben: Es ist so eine Art Vorgeschichte –, und 27 zum Neuen Testament, welches eher Ähnlichkeit mit dem bekannten Kinofilm ›Krieg der Sterne‹ hat (dies ist eine sehr grobe Analogie!). Andere Leute kann man stets beeindrucken, wenn man einige der weniger bekannten Bücher der Bibel zitiert und Namen wie Micha aus dem Alten oder Kolosser aus dem Neuen Testament fallen lässt.

64 65 66 67 68 69 70

Die meisten Schulkinder lernen, dass die Maße eines rechtwinkligen Dreiecks (eines mit einem Winkel von 90° in einer Ecke) in die Gleichung $a^2 + b^2 = c^2$ passen. So wie hier:

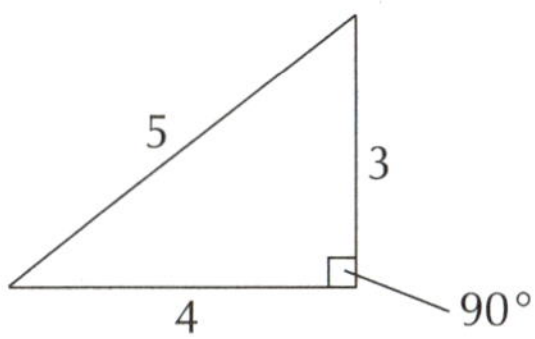

$$3^2 + 4^2 = 5^2$$

Eine der berühmtesten Ideen der Mathematik stammte von dem Franzosen Pierre de Fermat. Er behauptete, dass es zwar eine unendliche Anzahl von Beispielen für $a^2 + b^2 = c^2$ gibt, aber keine ganzen Zahlen zur Lösung von $a^3 + b^3 = c^3$ oder $a^4 + b^4 = c^4$ oder $a^{36} + b^{36} = c^{36}$. Tatsächlich gibt es bei der Verwendung von ganzen Zahlen keine Lösung für $a^n + b^n = c^n$, wenn n größer als 2 ist. Diese Behauptung verblüffte selbst die größten Geister und wurde erst 350 Jahre später durch einen monströsen Beweis widerlegt. Eine lange Zeit nahmen Mathematiker allerdings an, dass die Behauptung richtig sei, und legten die Latte für eine möglichst kleine Zahl n, deren Existenz die These widerlegt hätte, immer höher. Grundsätzlich wussten sie, dass $a^{5000000} + b^{5000000} = c^{5000000}$ unlösbar war, und dass auch kleinere Zahlen als 5 000 000 in dieser Gleichung nicht funktionieren würden. Aber es dauerte eine Ewigkeit, bis die Frage für alle möglichen Werte von n beantwortet werden konnte. Warum erzähle ich Ihnen all das? Nun, einer der Ersten, die versuchten, »Fermats letzten Satz« zu lösen (unter diesem Namen war das Problem bekannt), war das deutsche Mega-Gehirn Ernst Edward Kummer. Er bewies, dass für $a^n + b^n = c^n$ keine Lösung existiert, wenn n eine regelmäßige Primzahl ist (obwohl sich das harmlos anhört, ist die Definition dafür äußerst kompliziert, und ich will Sie jetzt nicht damit langweilen). Nachdem dieser Beweis erbracht war, fielen alle Fälle von $n = 1$ bis $n = 100$ auf einen Schlag heraus, bis auf 3 unregelmäßige Primzahlen, nämlich $n = 37$, $n = 59$ und, wie Sie sicher längst erraten haben, $n = 67$.

67 ist die 16. glückliche Zahl.

11 Schnitte durch 1 Pizza ergeben bis zu 67 Stücke.

65 66 67 68 69 70 71

Am 7. Mai 1980 wurde Paul Geidel aus der Fishkill-Besserungsanstalt in Beacon im Staat New York freigelassen, wo er wegen Mordes eingesessen hatte. So etwas passiert jeden Tag irgendwo auf der Welt. Der Unterschied ist nur, dass Paul Geidel seine Haft am 5. September 1911 angetreten hatte, also insgesamt 68 Jahre, 8 Monate und 2 Tage im Gefängnis verbracht hat.

Heute ist sie internationale Heimstätte für schwarze Anzüge mit Hosenträgern, für Tonnen von Haargel und einige der geschmacklosesten Krawatten und Westen, die das Auge jemals gesehen hat. Die berühmteste Börse der Welt begann im Jahre 1792 unter einem Baum vor dem Haus Nr. 68 in der Wall Street in New York.

Meerschweinchen sind 68 Tage lang trächtig, und sie sind es sehr oft, wenn man ihnen während ihres 3-jährigen Lebens die Chance dazu gibt.

66 67 68 69 70 71 72

69 ist die 17. glückliche Zahl und außerdem die einzige Zahl, in deren Quadrat- und Kubikzahlen alle Ziffern von 0 bis 9 jeweils einmal vertreten sind:

$69^2 = 4\,761$ und $69^3 = 328\,509$.

Auf Französisch heißt 69 *soixante-neuf*, eine Nummer, die auf der ganzen Welt geliebt wird.

67 68 69 70 71 72 73

70 ist eine **Schicksalszahl**, aber nicht im Sinne von spleenig oder psychisch krank. Eine Schicksalszahl ist eine, die abundant ist und nicht gleich der Summe irgendeines ihrer Teiler. Schicksalszahlen sind sehr selten, und 70 ist die einzige, die kleiner als 100 ist. Also, 12 ist abundant, weil 1 + 2 + 3 + 4 + 6 = 16 ist, also mehr als 12. Aber 2 + 4 + 6 = 12, daher ist 12 keine Schicksalszahl. Versuchen Sie nun, sich einmal selbst davon zu überzeugen, dass die 70 eine Schicksalszahl ist.

Das längste Monopoly-Spiel dauerte 70 Tage. Das ist ein verrückter Rekord.

Der Brorsen-Metcalf-Komet besucht unseren Himmel ungefähr alle 70 Jahre. Zum letzten Mal geschah das 1989, davor im Jahr 1919. Allerdings wurde er im Jahr 1847 zum ersten Mal beobachtet, also 72 Jahre vor seinem Erscheinen im Jahr 1919. Was uns beweist, dass selbst auf Kometen nicht immer Verlass ist.

68 69 70 71 72 73 74

71 ist eine Primzahl. Vor ungefähr 2 300 Jahren hat der berühmte Mathematiker Euklid im IX. Kapitel seines gigantischen Werks ›Die Elemente‹ bewiesen, dass es eine unendliche Menge von Primzahlen gibt. Er hat das folgendermaßen angestellt:

- Nehmen wir an, es gibt eine endliche Anzahl von Primzahlen, und die größte Primzahl ist p.
- Nun entwickeln wir eine Zahl

  $2 \times 3 \times 4 \times 5 \times \ldots \times p + 1$

  Das ist die Zahl, die man erhält, wenn man alle Zahlen bis einschließlich p multipliziert und dann 1 addiert. Wir nennen diese Zahl q.
- Betrachten wir die Zahl q. Sie ist nicht durch 2 teilbar, denn bei der Division durch 2 bleibt als Rest immer 1, da wir am Ende 1 addiert haben. Aber genauso wenig ist q durch 3 oder 4 oder 5 oder irgendeine Zahl bis hin zu q teilbar, denn immer bleibt als Rest 1.
- Das bedeutet, dass eine der beiden folgenden Aussagen zutreffen muss: Entweder existiert eine Primzahl, die ein Teiler von q ist und die größer ist als p, oder q ist eine Primzahl. In beiden Fällen ist p nicht die größtmögliche Primzahl. Die Annahme, es gebe

eine größte Primzahl, führt zu diesem unauflösbaren Widerspruch, und das bedeutet, dass eine unendlich große Menge von Primzahlen unsere Welt bevölkert. Unter ➢ 31 können Sie feststellen, welches die größte bisher bekannte ist.

Die meisten von uns hätten einigermaßen Schwierigkeiten, mehrere Minuten auf einem Fuß zu balancieren, ohne dabei hoffnungslos ins Schwanken zu geraten. Nach ca. 15 Minuten würde einem darüber hinaus eine Mischung aus Müdigkeit und gähnender Langeweile zu schaffen machen. Deshalb sollten wir uns einen Moment Zeit nehmen, um den Versuch von Amresh Kumar Jha aus Bihar in Indien zu würdigen, der genau das getan hat: Er hat auf einem Bein gestanden – nicht 71 Sekunden, auch nicht 71 Minuten, sondern 71 Stunden.

71 % der Erdoberfläche besteht aus Wasser. Lediglich 29 % ist trockenes Land. Also Leute, es gibt wirklich keinen Grund, sich nicht wenigstens einmal pro Woche zu waschen, okay? Besonders die Menschen aus Kentucky sollten sich hier angesprochen fühlen (siehe ➢ 1).

Während die meisten Elefanten nur 30 bis 40 Jahre alt werden, betrug die Rekord-Lebenszeit des ältesten bekannten Elefanten ganze 71 Jahre.

69 70 71 72 73 74 75

72 hoch 5 (72^5), oder 1 934 917 632, wie Sie diese Zahl wahrscheinlich kennen, ist gleich $19^5 + 43^5 + 46^5 + 47^5 + 67^5$ und somit die kleinste Fünferpotenz, die gleich der Summe von 5 anderen Fünferpotenzen ist.

Ludwig XIV. war Schwindel erregende 72 Jahre König von Frankreich – man fragt sich, ob er nicht langsam genug Spaß hatte. Er wurde 1638 geboren und übernahm den Superjob, als sein Vater mit dem wenig überraschenden Namen Ludwig XIII. 1643 starb. Ludwig glaubte absolut an die göttlichen Rechte des Königs, die unter anderem besagten, dass er unbegrenzte, von Gott gegebene Macht besaß und nur Gott allein verpflichtet war. Es ist durchaus verständlich, warum die Idee des göttlichen Rechts der Könige bei diesen äußerst beliebt war, die meisten gewählten Amtsinhaber sowie Geschäftsleute und andere Nicht-Könige aber ganz anderer Ansicht waren. Der Nachfolger von Ludwig XIV. wurde dessen Urenkel Ludwig XV., der den Thron immerhin noch 59 Jahre besetzt hielt.

In der 72. Folge von ›Drei Mädchen und drei Jungen‹ macht sich die ganze Gruppe auf den Weg nach Hawaii. Bobby findet eine kleine antike Götzenstatue, die Unglück bringt, wenn man sie berührt, und Greg versagt in einem Surfwettkampf.

72 Muskeln braucht man, um ein einziges Wort auszusprechen, also sind Äußerungen wie »Äh ... ähm ... ja ... oh« wirklich reine Verschwendung.

70 71 72 73 74 75 76

Die Weltraumfähre Challenger war 73 Sekunden in der Luft, bevor sie explodierte. Genau genommen waren es 73,137 Sekunden – diese Zahl stammt aus dem »Bericht der Kommission des Präsidenten über den Unfall der Weltraumfähre Challenger« –, aber ich denke, 73 Sekunden sind als Angabe eigentlich genau genug.

In der 73. Folge von ›Drei Mädchen und drei Jungen‹ berührt Jan aus Versehen die Götzenstatue, und eine riesige giftige Wolfsspinne krabbelt in Peters Pyjama herum. Super Geschichten!

Der menschliche Körper hat insgesamt ca. 73 Kilometer Nervenstränge!

73 ist die 18. glückliche Zahl.

71 72 73 **74** 75 76 77

Eine im Internet kursierende und häufig angefochtene Theorie besagt, dass Sony und Philips sich bei der Entwicklung der Compact Disc auf eine Länge von 74 Minuten einigten, damit die ›Neunte Sinfonie‹ von Beethoven bequem darauf Platz hat. Angeblich war sie das Lieblingsstück der Frau des damaligen Sony-Chefs, Akio Morita, und sie soll darauf bestanden haben, dass die neue Technologie genug Platz für Ludwigs Komposition bot.

Die älteste Person, die jemals eine Geschlechtsumwandlung durchführen ließ, war 74 Jahre alt. Das scheint zunächst mal ziemlich außergewöhnlich, aber tatsächlich sind viele Menschen, die sich eine Geschlechtsumwandlung wünschen, im Pensionsalter. Meine These dazu ist folgende: Es handelt sich um eine normale Reaktion darauf, dass diese Leute jahrelang schreckliche Anzüge im Büro tragen mussten.

Das längste Alphabet der Welt ist mit 74 Buchstaben das kambodschanische. Vor allem Grundschullehrer sollten sich das merken: Beim nächsten Mal, wenn so ein verflixter Zweitklässler sich über die Schwierigkeiten beim Lernen des Abcs beklagt, verweisen Sie darauf, wie schwer es wäre, die Khmer-Buchstaben zu lernen.

Muhammad Ali und George Foreman trugen 1974 in Zaire einen von General Mobutu organisierten Boxkampf aus. An Mobutu erinnert man sich, weil er ein skrupelloser und gewaltsamer Diktator war und weniger aufgrund seiner freakigen Mützen aus Leopardenfell.

72 73 74 75 76 77 78

In den frühen 50er Jahren unterzeichnete Clint Eastwood einen Vertrag bei den Universal Studios. Für 75 Dollar pro Woche trat er als Statist in billigen Horrorstreifen wie ›Die Rache des Ungeheuers‹ auf. Als die Studiochefs angeblich befanden, dass sein Adamsapfel zu weit hervortrat, um aus ihm einen Filmstar zu machen, wurde er gefeuert.

75 ist die 19. glückliche Zahl.

Laut einer kürzlich veröffentlichten Umfrage singen 75 % der Menschen, die beim Autofahren Radio hören, dabei mit. Der Bericht enthielt keine Informationen darüber, wie viele Leute zu rhythmischen Klängen wie »duhf-duhf-duhf« mit dem Kopf mitnicken und dazu mit ihren Duftbäumchen herumwedeln.

73 74 75 76 77 78 79

76 ist die 9. Lucas-Zahl. Und ich meine damit nicht die Anzahl der bisherigen und zukünftigen Folgen von ›Krieg der Sterne‹. Unter ➢ 18 finden Sie genauere Erläuterungen. 76 ist außerdem **automorph**: $76^2 = 5\,776$ endet mit den Ziffern 76 und macht diese damit zu einer automorphen Zahl.

Einer der berühmtesten himmlischen Gäste ist der Halleysche Komet. Der britische Astronom Edmund Halley stellte fest, dass der Komet, den er zusammen mit anderen Kollegen im Jahr 1682 beobachtet hatte, derselbe sein musste, den Kepler 1607 gesehen hatte, und dass dieser Komet wiederkehren würde. Das nächste Mal war der Halleysche Komet im Jahr 1758 zu beobachten. Zuletzt konnte man ihn 1986 sehen, aber das Ereignis war eine ebenso große Enttäuschung wie der Film ›Mit Schirm, Charme und Melone‹. Ungefähr alle 76 Jahre erscheint der Komet wieder.

Steve McQueens beste Rolle war die eines amerikanischen Kriegsgefangenen in ›Gesprengte Ketten‹, dem Kassenknüller von 1963 über den größten Fluchtversuch alliierter Soldaten aus einem Kriegsgefangenenlager der Nazis im Zweiten Weltkrieg. In Wahrheit flüchteten 76 Kriegsgefangene, aber kein einziger von ihnen war Amerikaner. Aber das allein wäre nicht so ein guter Filmstoff gewesen.

1976 heiratete eine Sekretärin aus Los Angeles ganz offiziell einen 50 Pfund schweren Felsblock. Der Zeremonie wohnten mehr als 20 Personen bei, von denen mindestens eine, so können wir sicher annehmen, nicht mehr alle Tassen im Schrank hatte.

74 75 76 **77** 78 79 80

Wissen Sie noch, was Fakultäten sind? Wenn nicht, werfen Sie einen kurzen Blick auf ➢ 24. Also, 77! + 1 ist eine Primzahl. Vertrauen Sie mir: Sie hat mehr als 115 Ziffern, also wäre es eine Schweinearbeit, das auszurechnen. Die Zahlen n, für die gilt, dass $n! + 1$ eine Primzahl ist, sind n = 1, 2, 3, 11, 27, 37, 41, 73, 77, 116, 154, 320, 340, 399, 427, 872; und die größte zurzeit bekannte Primzahl dieser Art ist 1477! + 1.

David Lynchs ›Eraserhead‹ ist für viele sein größter Film. Er kam nach 7 Jahren Dreharbeiten 1977 heraus. Jack Nance, der Star des Films, spielte in Lynchs Fernsehserie ›Twin Peaks‹ die Rolle des Pete Martell.

Efrem Zimbalist jun. als Stu Bailey und Roger Smith als Jeff Spencer schleppten sich von 1958 bis 1964 in der berühmten Fernsehdetektivserie ›77 Sunset Strip‹ durch die Straßen von Los Angeles, und zwar ganze 205 Folgen lang. Ein Gaststar der Serie, der beim Krimi blieb, war Adam West: Er spielte später Batman in ›Batman‹.

The Clash veröffentlichten 1977 einen Song mit dem Titel »1977«, der in einem Fußballstadion-Gesang von »1984« endete (siehe auch ➢ 84). Ich denke, sie wollten uns etwas ganz Bestimmtes damit sagen.

Die Summe der ersten 8 Primzahlen ist 77.

75 76 77 78 79 80 81

78 ist eine abundante Zahl und darüber hinaus die 12. Dreieckszahl. Lassen Sie uns mal ein bisschen mit den Dreieckszahlen spielen.

- Die Dreieckszahlen unter 100 sind 1, 3, 6, 10, 15, 21, 28, 36, 45, 55, 66, 78 und 91.
- Wir addieren nun zwei aufeinander folgende Dreieckszahlen, zum Beispiel $3 + 6 = 9$, oder $21 + 28 = 49$, oder $66 + 78 = 144$.
- Was stellen Sie fest? Offensichtlich ist bei der Addition zweier aufeinander folgender Dreieckszahlen das Ergebnis jeweils eine Quadratzahl: $9 = 3^2$, $49 = 7^2$ und $144 = 12^2$. Und bei weiterer Überprüfung stellt sich heraus, dass dies für alle Zahlen der Reihe gilt. Was geschieht hier?
- Am besten versteht man es, wenn man sich folgende Diagramme anschaut. Zum Beispiel addieren wir $21 + 28 = 49 = 7^2$.

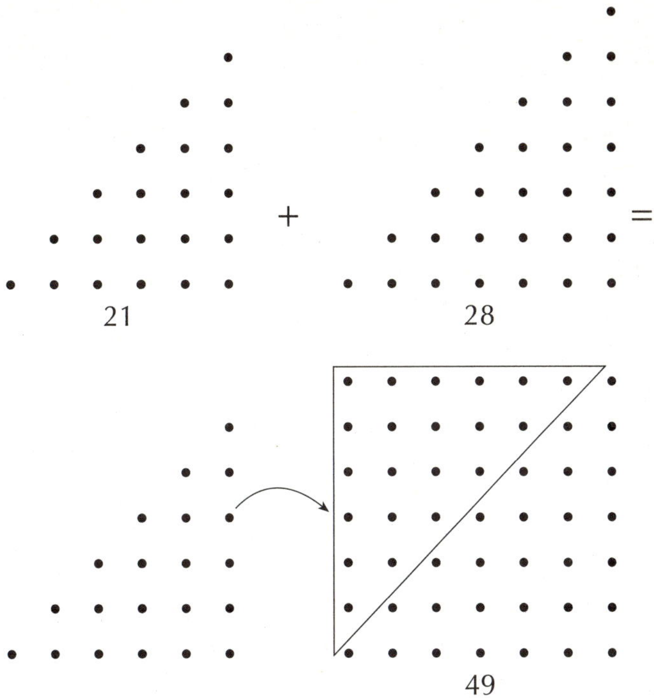

- Ein 7 x 7-Quadrat setzt sich ganz klar aus einem Dreieck mit der Basis 6 und einem Dreieck mit der Basis 7 zusammen. Dieses Prinzip gilt für jede Addition zweier aufeinander folgender Dreieckszahlen.
- Und hier noch eine sehr sexy aussehende Formel für das Ganze: Schreiben Sie T_n für die n-te Dreieckszahl, und Sie erhalten $T_{(n-1)} + T_n = n^2$.

Die Erdatmosphäre (in ihrer ursprünglichen Form, ohne die ganzen Emissionen aus den fossilen Brennstoffen) besteht zu 78 % aus Stickstoff. Es sind nur 21 % Sauerstoff (denken Sie daran, wenn Sie sich an einem schlechten Tag in Mexiko-Stadt aufhalten und die Luft sich eher so anfühlt wie Gazpacho), 1 % Argon und 0,03 % Kohlendioxid sowie geringe Anteile anderer Gase.

Heng, ein chinesischer Mathematiker, Astronom und Geograf, wurde 78 n. Chr. geboren. Er erfand das erste Seismoskop zur Registrierung von Erdbeben. Es hatte die Form eines Zylinders mit 8 Drachenköpfen am oberen Ende, jeder mit einem Ball im Maul. Unter jedem Drachenkopf befand sich ein Frosch. Bei einem Erdbeben fielen die Bälle von oben ins Maul der Frösche, nur für den Fall, dass jemand das Erdbeben nicht bemerkt hatte.

76 77 78 **79** 80 81 82

Charles Babbage, der Erfinder der Rechenmaschine, starb im Alter von 79 Jahren. Obwohl die Entwicklung dieses Apparates niemals über das Stadium detaillierter Zeichnungen hinausging, kann man sagen, dass sie einem modernen Computer nicht unähnlich war. Babbage hat keinen einzigen Computer gebaut, aber man weiß heute, dass seine Entwürfe in Ordnung waren, und vor kurzem wurde Babbages Computer den Originalplänen getreu nachgebaut. Nach seinem Tod befand eine britische Kommission, die die Realisierbarkeit von Babbages Entwürfen beurteilen sollte, »dass die erfolgreiche Realisierung dieser Pläne ein Epoche machendes Ereignis in der Geschichte der Computerisierung sein könnte, ein Ereignis von ebenso großer Wichtigkeit wie die Einführung der Logarithmen«.

79 ist die 20. glückliche Zahl.

Eine Pizza kann man mit 12 Schnitten in bis zu 79 Stücke zerschneiden.

Captain Kirk, Spock und die ganze Bande begaben sich 79-mal an Orte, an denen niemand (kein Mann, keine Frau, kein Vulkanier) je zuvor gewesen war.

Im Jahre 79 n.Chr. brach der Vesuv aus und zerstörte die römische Stadt Pompeji.

77 78 79 80 81 82 83

Ein nicht rauchender, gut trainierter Flamingo kann, sofern er keine anderen gesundheitlichen Probleme hat, im Durchschnitt bis zu 80 Jahre alt werden.

Anders als der Flamingo konsumiert der Amerikaner im Durchschnitt 80 Pfund Obst und 116 Pfund Rindfleisch pro Jahr.

Das Kolosseum in Rom wurde im Jahr 80 vollendet, damals eine gute Nachricht für Raubkatzen und eine schlechte für Christen.

Eine Variante des magischen Quadrates ist der magische (sechszackige) Stern. Es gibt 80 verschiedene dieser Sterne, und jede Linie muss in der Summe 26 ergeben.

Quizfrage:

Suchen Sie die Lösungen für diese beiden magischen Sterne!

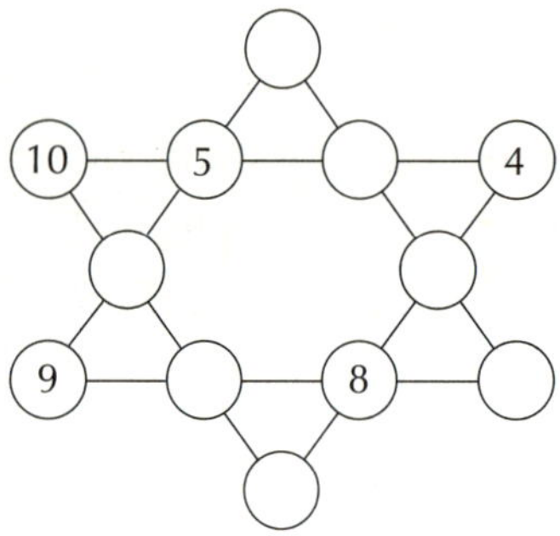

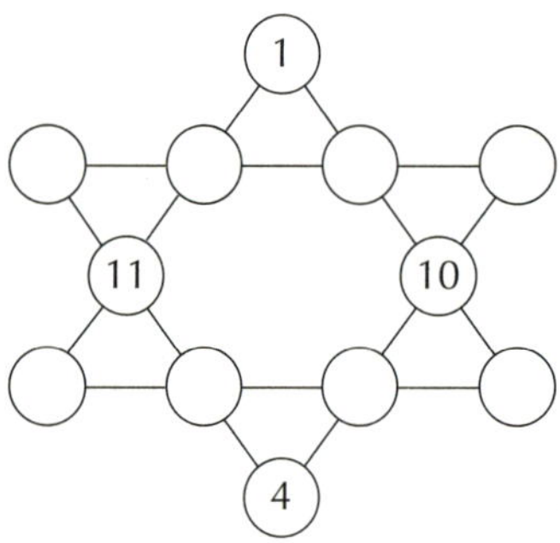

78 79 80 **81** 82 83 84

81 ist die einzige Zahl, deren Quadratwurzel gleich der Summe ihrer Ziffern ist (von 0 und 1 abgesehen). Im Fall der Zahl 81 ist 8 + 1 = 9, und 9 ist auch die Quadratwurzel aus 81. 81 ist gleichzeitig Quadratzahl und Siebeneckzahl, was zunächst widersprüchlich erscheinen mag. *Aber:*

$\frac{1}{81}$ = 0,012345679 012345679 012 . . . und so weiter.

Mr Burns, der reiche Alte in ›Die Simpsons‹ und Homers Chef, ist gewöhnlich 81 Jahre alt, außer in der Folge ›Wer erschoss Mr Burns?‹, da ist er nämlich 104.

79 80 81 **82** 83 84 85

Jede gerade Zahl größer als 68 kann auf mindestens 2 verschiedene Arten als die Summe zweier zusammengesetzter Zahlen geschrieben werden. Zum Beispiel:

82 = 33 + 49 oder 27 + 55 oder 57 + 25, und es gibt noch ein paar andere Möglichkeiten. Aber beachten Sie, dass keine der hier verwendeten ungeraden Zahlen Primzahlen sind. Es sind zusammengesetzte Zahlen (siehe ➢ 4). Machen Sie selbst den Test mit irgendeiner geraden Zahl größer 68. Tausend Dank an Rummler und Minnich, dass sie diese Nuss geknackt haben.

82 ist die Atomzahl von Blei.

80 81 82 83 84 85 86

1812 besuchte der 8-jährige Zerah Colburn aus Vermont Europa, um zu zeigen, was er konnte. Und das war nicht wenig. Er konnte aus dem Stand das Produkt von 2 4-stelligen Zahlen nennen, bei Zahlen über 10 000 dauerte es etwas länger. Nach den Teilern von 171 395 gefragt, antwortete er blitzschnell: 5, 7, 59 und, genau, 83. Nettes Kunststück.

83 % der Menschen, die vom Blitz getroffen werden, sind Männer. Einer wurde sogar 7-mal getroffen, ein absoluter Rekord. Der Glückspilz konnte das 8. Mal dadurch vermeiden, dass er rechtzeitig Selbstmord beging.

81 82 83 84 85 86 87

Einer der bedeutendsten Mathematiker der Antike war Diophantos, nach dem die **diophantischen Gleichungen** benannt sind (Gleichungen, deren Lösungen immer ganze Zahlen sind). Diophantos war so ein Mathematik-Fanatiker, dass der berühmten ›Griechischen Anthologie‹ zufolge auf seinem Grabstein sogar ein mathematisches Rätsel eingemeißelt war:

»Ihm war von Gott gegeben, $\frac{1}{6}$ seines Lebens ein Junge zu sein, und nach Verlängerung um $\frac{1}{12}$ bedeckte er seine Wangen mit Flaum. Das Licht der Ehe entzündete Gott ihm nach wiederum $\frac{1}{7}$ der Lebenszeit, und 5 Jahre nach der Hochzeit wurde ihm ein Sohn geschenkt. Doch ach, spät geborenes armes Wesen! Kaum war es halb so alt wie sein Vater, wurde es vom kalten Schicksal dahingerafft. Und nachdem Diophantos seinen Kummer 4 Jahre durch das Studium der Zahlen gelindert hatte, beendete er sein Leben.«

Quizfrage:

Können Sie beweisen, dass die Antwort auf dieses Rätsel lautet: Diophantos wurde 84 Jahre alt?

Das Buch ›1984‹ ist George Orwells 1949 verfasste Anklage gegen den Stalinismus und gegen jede Form von Totalitarismus (siehe auch ➢ 77). David Bowie war höchst angetan von dieser Idee, und zwar so sehr, dass er einen Song mit dem Titel »1984« schrieb. Er ist auf der CD ›Diamond Dogs‹ enthalten.

84 ist eine abundante Zahl.

82 83 84 85 86 87 88

Die 85 kann auf 2 unterschiedliche Weisen als Summe zweier Quadratzahlen dargestellt werden.

Quizfrage:

Versuchen Sie, die beiden Möglichkeiten zu finden.

Die größte Anzahl unterschiedlicher Kostüme, die jemals in einem Hollywoodfilm vorgeführt wurden, trug Madonna in ›Evita‹. Es waren insgesamt 85: Madonna trug außerdem 39 verschiedene Hüte, 45 Paar Schuhe und 56 Paar Ohrringe in dieser bahnbrechenden Rolle.

83 84 85 86 87 88 89

2 hoch 86 (2^{86}) enthält ausgeschrieben keine einzige Null. Mit an Sicherheit grenzender Wahrscheinlichkeit ist 86 die größte Zahl, für die das zutrifft.

Agent 86 war der Codename von Maxwell Smart, dem inkompetenten Geheimagenten aus der Fernsehserie ›Mini-Max oder Die unglaublichen Abenteuer des Maxwell Smart‹, die in den 60er Jahren lief. Seine Partnerin und spätere Ehefrau war Agent 99 (siehe auch ➢ 51 und ➢ 99).

Das wohlhabendste Fünftel der Weltbevölkerung verbraucht 86 % des weltweit erwirtschafteten Bruttosozialprodukts (und was davon nicht benötigt wird, wird einfach weggeworfen).

84 85 86 87 88 89 90

Der griechische Astronom Aristarchos hatte schon im Jahr 270 v. Chr. den Durchblick. Mit seiner *Skaphe*, einer Art Sonnenuhr, konnte er sowohl den Stand der Sonne als auch ihre Höhe messen. Mithilfe einiger ausgefeilter Berechnungen stellte er fest, dass der Winkel zwischen Sonne, Mond und bei Halbmond 87° beträgt. »Also«, sagte er sich, »muss die Sonne eine ganze Ecke größer als die Erde und meilenweit entfernt sein.« In Wirklichkeit hat er wahrscheinlich – aus verständlichen Gründen – nicht »eine ganze Ecke« und »meilenweit« gesagt. Aristarchos war außerdem davon überzeugt, dass die Erde sich um die Sonne bewegt und nicht umgekehrt, was heute weitgehend akzeptiert ist, aber damals sah das noch ganz anders aus.

Zehn hoch 87 (10^{87}) ist eine 1 mit 87 Nullen: Aus so vielen Teilchen besteht schätzungsweise das Universum.

87 ist die 21. glückliche Zahl. Ironischerweise ist auch die 13 eine glückliche Zahl.

85 86 87 88 89 90 91

Befinden sich mindestens 88 Menschen in einem Raum, so ist die Wahrscheinlichkeit überdurchschnittlich groß, dass 3 von ihnen am gleichen Tag Geburtstag haben. Siehe auch ➢ 23.

Starsky und Hutch föhnten sich die Haare, griffen nach ihren Sonnenbrillen und benutzten ein Stemmeisen, um in ihre Jeans reinzukommen – das alles machten sie 88-mal in den 70er Jahren.

1 Jahr auf dem Merkur (die Zeit, die er für eine Umkreisung der Sonne benötigt) ist so lang wie 88 Tage auf der Erde. Siehe ➢ 59.

88 % eines Eisbergs sind immer unter Wasser. Und 88 Tasten hat ein normales Klavier. Auf der *Titanic* war auch ein Klavier. Gruselig.

86 87 88 89 90 91 92

Probieren Sie mal folgenden großartigen Trick aus: Nehmen Sie eine beliebige Zahl, bilden Sie die Quadratzahlen ihrer Ziffern und addieren Sie sie. Bei 31 erhalten wir zum Beispiel $3^2 + 1^2 = 10$, $1^2 + 0^2 = 1$; aus 85 wird $8^2 + 5^2 = 89$; aus 89 wird dann 145, daraus weiter 42, 20, 4, 16, 37, 58, 89. Egal mit welcher Zahl man anfängt, man landet immer bei 1 oder am Ende wieder bei 89. Machen Sie den Test mit verschiedenen Zahlen als Ausgangspunkt.

89 ist die 11. Fibonacci-Zahl. Schreiben Sie eine lange Liste mit Fibonacci-Zahlen und teilen Sie jede Zahl der Liste durch die Zahl, die ihr vorangeht. Also 1, 1, 2, 3, 5, 8, 13, 21, 34, 55, 89, 144, 233 ... Sie erhalten $1 \div 1 = 1$; $2 \div 1 = 2$; $3 \div 2 = 1{,}5$; $5 \div 3 = 1{,}666\ldots$ $233 \div 144 = 1{,}6180555$. Diese Dezimalzahl nähert sich immer mehr der Zahl 1,6180339887 – dem goldenen Schnitt. Das ist eine der attraktivsten Zahlen überhaupt; aber darüber muss man ein ganzes Buch schreiben.

Die Filmversion von Shakespeares ›Macbeth‹ aus dem Jahr 1948, von und mit Orson Welles, dauerte ursprünglich 107 Minuten. Später wurde sie auf 89 Minuten zusammengeschnitten. Eine Fortsetzung mit dem Titel ›Macbeth II – Macbeth kehrt zurück‹ mit Bruce Willis ist zur Zeit nicht geplant.

87 88 89 90 91 92 93

90 ist eine abundante Zahl. Und die Gradzahl eines rechten Winkels, was auch etwas zählt. Um zu beweisen, dass 90 im wörtlichen Sinne abundant ist, sollten Sie einmal Folgendes in Betracht ziehen. Kühe liefern 90% der Milch weltweit. Und ein südafrikanischer Ochsenfrosch kann bis zu 90 Zentimetern groß werden, länger als Ihr Arm!

In jedem menschlichen Körper zerfallen pro Sekunde fast 400 000 radioaktive Atome. Aber das ist kein Grund, sich zu ängstigen, dass man vollends auseinander fallen könnte. Jede Körperzelle besteht im Schnitt aus 90 Billionen Atomen, also 225 Millionen Mal diese 400 000!

Eine kürzlich in Kalifornien durchgeführte Studie zeigt, dass fast 90% aller Amerikaner sich selbst als schüchtern bezeichnen.

Ein weiblicher Löwe ist für mehr als 90% der Jagd und der Nahrungsbeschaffung verantwortlich. Das Männchen scheint nicht sehr risikobereit zu sein, oder aber es ist einfach nur zu bequem.

Eine Bingo-Karte enthält normalerweise 90 Zahlen. Es gibt also annähernd 44 Millionen Möglichkeiten für B-I-N-G-O. Ach so, Oma, jetzt verstehe ich, warum du das so aufregend findest!

88 89 90 91 92 93 94

91 ist eine Dreieckszahl, eine ausgefüllte Hexagonalzahl und eine quadratische Pyramidenzahl. Hat echt Schwein, das Ding.

Quizfrage:

Können Sie beweisen, dass 91 sowohl eine Dreieckszahl, als auch eine ausgefüllte Hexagonalzahl als auch eine quadratische Pyramidenzahl ist?

Die Anzahl der Tage in einem Vierteljahr ist 91, also 13 Wochen à 7 Tage. Und die 91 ist eine **Pseudoprimzahl**: $3^{90} - 1$ ist durch 91 teilbar, aber 91 ist keine Primzahl (13 x 7 = 91).

Skippy, das Buschkänguru, warnte vor Gefahren, überbrachte Botschaften und machte, von neurochirurgischen Eingriffen abgesehen, fast alles – in den 91 Folgen der Fernsehserie.

Wenn Sie sich fragen, warum Sie eigentlich so schlecht Tennis spielen, liegt es vielleicht daran, dass ein Tennisnetz in der Mitte 91 Zentimeter hoch ist. Ansonsten hat es vielleicht was mit dem Schläger, den Bällen oder mit der Stellung der Planeten zu tun.

Kohl besteht zu 91 % aus Wasser.

89 90 91 92 93 94 95

Probieren Sie das folgende nette kleine Spiel aus. Wählen Sie eine beliebige Zahl, und wenden Sie dann die Regeln an:

- Wenn die Zahl gerade ist, teilen Sie sie durch 2.
- Wenn die Zahl ungerade ist, multiplizieren Sie sie mit 3 und addieren 1.

  Dies nennt man das »3 x + 1-Problem«, denn eine ungerade Zahl *x* wird nach dieser zweiten Regel zu 3 x + 1. Wenden wir die beiden Regeln nun mal an und sehen, was passiert. Da wir gerade auf dieser Seite sind, lassen Sie uns doch mit 92 beginnen:

- 92 ist gerade, also halbieren wir sie und erhalten 46.
- 46 ist gerade, also halbieren wir sie und erhalten 23.
- 23 ist ungerade, also multiplizieren wir sie mit 3 und addieren 1, das Ergebnis ist 70.
- 70 ist gerade, also teilen wir sie durch 2 und erhalten 35.

Wenn Sie immer so weitermachen, ergibt sich die Reihe 92, 46, 23, 70, 35, 106, 53, 160, 80, 40, 20, 10, 5, 16, 8, 4, 2, 1. Bei 1 geht es folgendermaßen weiter: 1, 4, 2, 1, 4, 2, 1 ...; man endet also immer wieder bei 1. Man nimmt sehr stark an – es ist aber immer noch unbewiesen –, dass jeder beliebige Startpunkt am Ende zur Zahl 1 führt. So wie bei Fermats letztem Satz (nachzulesen unter ➢ 67) sind schon Millionen von Beispielen getestet worden, aber es gibt keinen allgemeinen Beweis für diese Annahme. Diese Frage wird manchmal als Syrakus-Problem bezeichnet. Es ist schön einfach zu erklären, aber ziemlich vertrackt, wenn man es näher betrachtet. In den 60er Jahren fesselte es ganze Mathematik-Institute an amerikanischen Universitäten, weil die großen Geister nicht glauben wollten, dass ein so simpler Prozess so schwierig zu verstehen sein könnte. Die größte Verwirrung entsteht dadurch, dass die Zahlen sich in dem System so unterschiedlich verhalten. Die Zahl 29 ergibt die Reihe 88, 44, 22, 11, 34, 17, 52, 26, 13, 40, 20, 10, 5, 16, 8, 4, 2, 1; sie erreicht 1 also nach nur 18 Schritten mit dem Höchstwert 88. Die Zahl 31 dagegen steigert sich immerhin auf 7288 und erreicht die 1 erst nach 106 Schritten. Erforschen Sie selbst das »3 x + 1-Problem« mit verschiedenen Ausgangszahlen! Wenn es Sie fasziniert, können Sie sich noch das »5 x + 1-Problem« sowie »5 x + 3«, »7 x + 1« usw. ansehen. Da werden Sie einige faszinierende Unterschiede entdecken.

Das am stärksten bewaldete Land der Welt ist Surinam. Es hat unglaubliche 92 % Waldfläche. Allerdings ist nicht bekannt, an wie viel Prozent dieser Bäume sich irgendwelche Hippies angekettet haben.

92 ist die Atomzahl von Uran. Und 13 Schnitte durch eine Pizza ergeben 92 Stücke. Allerdings ist das Aufwärmen einer kalten Pizza mithilfe von Uran nicht empfehlenswert.

90 91 92 93 94 95 96

Die Sonne besteht zu 93 % aus Wasserstoff. Der Rest setzt sich zu 5 % aus Helium und zu 2 % aus anderen Elementen zusammen. Die Sonne verbringt ihre Zeit damit, Wasserstoff in Helium umzuwandeln, eine echte Vollzeitbeschäftigung.

Wenn man die Elemente nicht berücksichtigt, die aus mit höchster Geschwindigkeit zusammenprallenden anderen Elementen entstehen, und die Elemente, die nur 0,000 000 001 Sekunden existieren, bevor sie schon wieder sagen »Okay Leute, das war's«, gibt es nur 93 natürliche Elemente.

93 ist die 22. glückliche Zahl.

Joachim Vincent Pecci wurde 1810 in Italien geboren. Am 20. Februar 1878 wurde er Papst Leo XIII. Ab da papste er herum und machte alle möglichen papsttypischen Sachen, bis zum 20. Juli 1903. Er hatte das päpstliche Rekordalter von 93 Jahren erreicht.

91 92 93 94 95 96 97

1742 stellte der Mathematiker Christian Goldbach die These auf, dass jede gerade Zahl als die Summe zweier Primzahlen dargestellt werden kann. Zum Beispiel 24 = 11 + 13 und 50 = 19 + 31. Niemand hat diese Behauptung jemals bewiesen. Es hat sich zwar gezeigt, dass sie für alle geraden Zahlen bis 100 000 000 zutrifft, aber der Beweis ist noch nicht für alle geraden Zahlen erbracht. Wenn Sie also zufällig herausfinden sollten, warum das so ist, dann schreiben Sie es schnell auf, und vergessen Sie nicht, mich anzurufen.

Quizfrage:

Schreiben Sie 94 als Summe zweier Primzahlen!

92 93 94 95 96 97 98

Americium hat die Atomzahl 95. Alle Isotope von Americium sind radioaktiv, deshalb wird es so gut wie nie auf Partys eingeladen. Das Isotop 243 ist das stabilste, es wird unter anderem in Rauchdetektoren verwendet.

Aufgrund seiner Dichte würde der Saturn auf dem Wasser schwimmen, wenn es einen ausreichend großen Ozean gäbe. Wie auch immer, der Saturn ist 95-mal so schwer wie die Erde. Stellen Sie sich das mal vor.

Die hässlichen Stiefschwestern, der Kürbis und der Glasschuh wurden auf der Leinwand 95-mal aus der Mottenkiste hervorgeholt, womit ›Cinderella‹ die meistverfilmte Geschichte aller Zeiten ist. Irritierend ist nur, dass Kevin Bacon, soweit ich weiß, kein einziges Mal mitgewirkt hat.

93 94 95 96 97 98 99

Die letzte ›Batman‹-Saison begann 1967 mit der 96. Folge ›Auftritt Batgirl, Abgang Pinguin‹. Batgirl wurde von Yvonne Craig dargestellt.

Der griechische Mathematiker Archimedes hat erklärt, dass der exakte Wert von π zwischen $3\frac{10}{71}$ und $3\frac{1}{7}$ liegt. Zu diesem Ergebnis kam er durch das Umschreiben beziehungsweise Einschreiben regelmäßiger Vielecke mit 96 Seiten um beziehungsweise in einen Kreis. Heureka!

96 ist eine abundante Zahl.

94 95 96 97 98 99 100

Der höchstmögliche Alkoholgehalt einer Spirituose beträgt etwas mehr als 97 %.

Simon Stern aus Milwaukee stellte 1984, im Alter von 97 Jahren, einen Rekord auf: Er war der älteste Mann, der jemals von seiner Frau geschieden wurde. Schade, dass es nicht geklappt hat, Simon ... Aber es gibt ja noch andere.

Auf der vom American Film Institute zusammengestellten Liste der 100 besten Filme steht die Komödie ›Leoparden küsst man nicht‹ von Howard Hawks aus dem Jahr 1938 an 97. Stelle. Katharine Hepburn spielt darin eine reiche Erbin, die auf der Jagd nach Cary Grant ist, der einen Zoologen spielt, der seinerseits auf der Jagd nach einem Dinosaurierknochen ist, den Katharines Hund gestohlen hat. Beide jagen außerdem einen Leoparden namens Baby. Glauben Sie mir, der Film ist besser, als es hier klingt.

Quizfrage:

Welcher Film steht auf Platz 1 der Liste der besten Filme aller Zeiten?

97 Personen befanden sich an Bord der *Hindenburg,* einem deutschen lenkbaren Luftschiff, das am 6. Mai 1937 bei der Landung in Lakehurst, New Jersey, in Flammen aufging. 36 Menschen starben.

Die längste jemals von der Nasen- bis zur Schwanzspitze vermessene Hauskatze war 97 Zentimeter lang. Wenn also ein Raum mindestens 194 Zentimeter breit ist, kann man im engeren Sinn davon ausgehen, dass genügend Platz vorhanden ist, um eine Katze im Kreis herum zu schwingen.

Zurzeit gibt es in 97 Ländern der Welt die Todesstrafe.

95 96 97 98 99 100 101

Menschen haben offensichtlich zu 98 % die gleiche DNS wie – ja, wer hätte das gedacht – wie Schimpansen. He Papi, wie geht es eigentlich deinem Brusthaar?

Die stärkste Schräglage unter den Planeten in unserem Sonnensystem hat der Uranus, der mit einer Neigung von 98 Grad (siehe auch ➢ 23) durch das Weltall driftet. Die Folge davon ist, dass der Sommer auf dem Uranus 21 Jahre dauert, aber rufen Sie trotzdem nicht gleich das Reisebüro an: Der Winter dauert genauso lange, und die Temperaturen können in dieser Zeit auf bis zu minus 219 °C sinken.

Die Atmosphäre des Mars besteht zu ca. 98% aus Kohlendioxid.

Die größte Entfernung, die bei einem Eierwurf erreicht wurde, ohne dass das Ei zerbrach, betrug 98 Meter; das war in Jewett, Texas.

Der Weltrekord im Marathon liegt bei rund 2 Stunden und 6 Minuten. Einen Marathonlauf in 7 Stunden und 33 Minuten zu absolvieren, ist also wirklich nichts Besonderes, es sei denn, Sie sind zufällig Dimitrion Yordanidis, der im Jahr 1976 genau diese Zeit brauchte – er war 98 Jahre alt.

96 97 98 99 100 101 102

Agent 99 war die Frau an der Seite von Maxwell Smart in der Serie ›Mini-Max oder Die unglaublichen Abenteuer des Maxwell Smart‹. Gespielt wurde sie von Barbara Feldon, und sie war so cool und abgefahren wie man überhaupt nur sein kann. Ursprünglich hat Mel Brooks zusammen mit Buck Henry das Drehbuch zu der Serie geschrieben. Siehe auch ➢ 51 und ➢ 86.

99 ist die 5. Kaprekar-Zahl: $99^2 = 9\,801$ und $98 + 01 = 99$.

Muslimische Rosenkränze können 99 Perlen haben, die die 99 Namen von Allah sowie die 99 Namen von Mohammed symbolisieren.

Laut dem ›Time Magazine‹ besitzen erschütternde 99% aller Finnen zwischen 18 und 24 ein Handy. Ließe man ein Handy in einem Raum klingeln, in dem sich mehrere Personen dieser Altersgruppe aufhalten, müsste es zu einer Orgie aus hektischem Brustabklopfen und Ausrufen auf Finnisch kommen, die so viel bedeuten wie: »Oh, ist das für mich?«.

Wenn Barbie eine normale menschliche Körpergröße hätte, dann wären ihre Maße 99–58–83 Zentimeter – absolut pervers –, und sie wäre 2,18 Meter groß. Allerdings ist stark zu bezweifeln, dass so ein Körper von so kleinen Füßen getragen werden könnte.

99 % des Wassers auf der Erde ist nicht trinkbar. Aber lesen Sie dazu ➢ 71.

Wenn Sie einen Kopierapparat auf 99 Kopien eingestellt lassen, wird unweigerlich mindestens 1 Mensch stocksauer werden.

Beeindrucken Sie Ihre Mitmenschen mit der folgenden Tatsache:

$99 = 2^3 + 3^3 + 4^3$.

97 98 99 100 101 102

Die Zahl 1 mit 100 Nullen heißt »Googol«, ein Name, den der amerikanische Mathematiker Edward Kasner prägte. Weiter führt dies zu der Zahl »1 Googolplex«, also eine 1 mit einem Googol Nullen – eine unnötig große und in mancher Hinsicht bescheuerte Zahl.

Es gibt einen Zusammenhang zwischen Dreieckszahlen und Kubikzahlen. Wenn man eine Dreieckszahl quadriert, ist das Ergebnis gleich der Summe mehrerer Kubikzahlen. Als Formel ausgedrückt sieht das so aus: $T_n^2 = 1^3 + 2^3 + \ldots + n^3$. Wie bereits erwähnt, ist 10 die 4. Dreieckszahl, denn $10 = 1 + 2 + 3 + 4$. Gemäß der oben aufgestellten Formel gilt also $T_4 = 10$, so dass wir schreiben können $10^2 = 1^3 + 2^3 + \ldots + 4^3$ oder $100 = 1^3 + 2^3 + 3^3 + 4^3$.

Quizfrage:

Benutzen Sie nur +, – oder x und bringen Sie die Ziffern von 1 bis 9 so miteinander in Verbindung, dass das Ergebnis 100 ist. Eine Möglichkeit ist 1 + 2 + 3 + 4 + 5 + 6 + 7 + (8 x 9) = 100. Aber es gibt noch andere Lösungen. Suchen Sie eine davon!

Am 11. Oktober 1978 rief das ehemalige Mitglied der Sex Pistols, Sid Vicious, von seinem Hotelzimmer mit der Nummer 100 im berühmten New Yorker Chelsea Hotel die Polizei an und sagte, dass jemand seine Freundin Nancy Spungen erstochen habe. Sid wurde des Mordes angeklagt, starb aber, während er gegen Kaution auf freiem Fuß war.

100 Steine gibt es in einem normalen Scrabble-Spiel. Ich möchte die Gelegenheit nutzen, um zu sagen, dass Scrabble total cool ist, dass aber 3-D-Scrabble und Wörter von unten nach oben massenweise Zeit verschlingen.

Es gibt einen Blutegel, den so genannten Hirndo, der 100 Zähne im Kiefer hat. Übrigens hat er 3 Kiefer. Männliche Seelöwen können sich mit mehr als 100 Weibchen paaren.

Laut dem ›Time Magazine‹ vom 30. August 1999 befinden sich im Schuh eines Balletttänzers 100-mal so viele Pilzsporen wie in dem eines Joggers. Ich erwähne das nicht, weil ich den Balletttänzern schon immer mal was reinwürgen wollte, sondern einfach aus dem tiefen Wunsch heraus, einmal das Wort »Pilzsporen« zu schreiben. Oooooooooooh Mann, das war gut. Jetzt kann ich aufhören. Tschüs!

Auflösungen

1: Cartman und die Analsonde
3: 354 und 138 624 147.
5: Es gibt 12 von den Dingern:

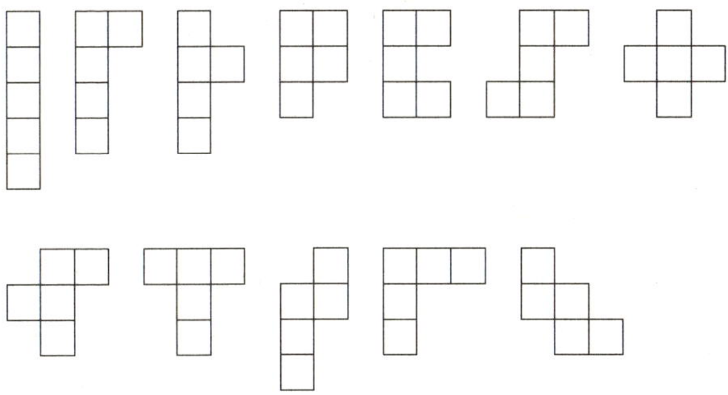

6: 28 und 496. Ja, und dann gibt's noch die 8 218. Vertrauen Sie mir.
7: $2^5 - 1 = 31; 2^7 - 1 = 127$
9:

4	9	2
3	5	7
8	1	6

12: 18, 20, 24, 30 und 36.
15: 21, 28 und 36.
19: 209, 418 und 817.
22: 11 und 26; 35, 51 und 70.

25: 31, 33, 37, 43 und 49.

27: $27 = 3^2 + 3^2 + 3^2 = 5^2 + 1^2 + 1^2$

29: 10. Oder Sie bestellen einfach ein bisschen mehr Pizza.

34:

12	13	1	8
6	3	15	10
7	2	14	11
9	16	4	5

1	2	15	16
13	14	3	4
12	7	10	5
8	11	6	9

10	16	1	7
6	9	8	11
3	4	13	14
15	5	12	2

3	15	2	14
13	4	9	8
12	5	16	1
6	10	7	11

36: 1, 2, 4, 6, 12 und 24.

37: 37, 61 und 91.

38:

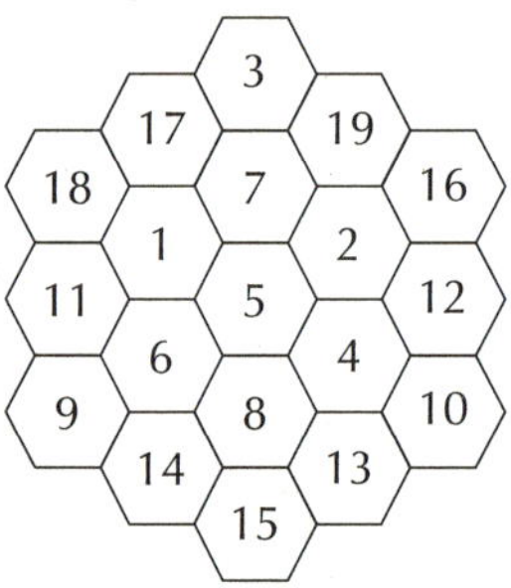

42: 10, (9, 1), (8, 1, 1), (8, 2), (7, 1, 1, 1), (7, 2, 1), (7, 3) ... bis (1, 1, 1, 1, 1, 1, 1, 1, 1, 1).

43: 2, 3, 5, 7, 11, 13, 17, 19, 23, 29, 31, 37, 41, 43, 47, 53, 59, 61, 67, 71, 73, 79, 83, 89 und 97.

45: 55, 99 und 297.

47: 26, 28, 36, 38, 47, 48, 53, 57, 62, 69, 72, 77, 82, 87, 94, 96 und 99.

48: 140 und 195; 1 575 und 1 648.

49: 444 444 888 889.

50: $65 = 1^2 + 8^2 = 4^2 + 7^2$.

52: Gary Coleman.

54: Doughnuts (= amerikanische Teigkringel). Mike Myers.

55: 91, 140 und 204.

56: $1 + 3 + 6 + 10 + 15 + 21 = 56$

61: $y = 12$

66: 171 und 595.

80:

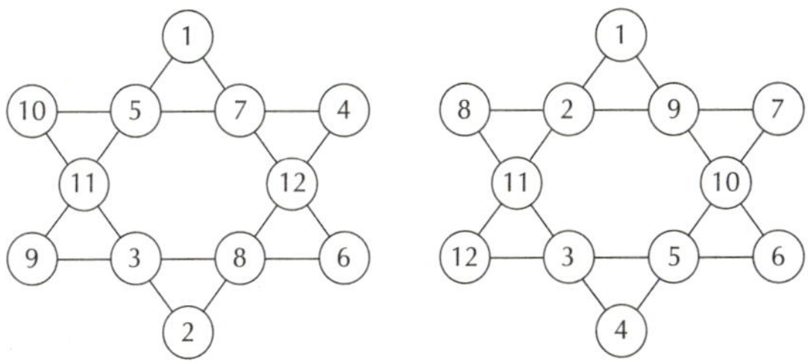

84: Wir bezeichnen die Dauer von Diophantos' Leben als x. Das Rätsel sagt uns Folgendes:
$\frac{1}{6}x + \frac{1}{12}x + \frac{1}{7}x + 5 + \frac{1}{2}x + 4 = x$

85: $85 = 9^2 + 2^2 = 7^2 + 6^2$

91: Unter ➢ 15 erfahren Sie, wie man Dreieckszahlen ermittelt, unter ➢ 55, wie man quadratische Pyramidenzahlen erhält und unter ➢ 37, wie man ausgefüllte Hexagonalzahlen berechnet. Also, versuchen Sie's mal!

94: 94 = 41 + 53, 5 + 89, und es gibt noch viele andere Möglichkeiten.

97: Überraschung, Überraschung! ›Citizen Kane‹.

100: Eine Möglichkeit ist 123 – 45 – 67 + 89 = 100. Kennen Sie weitere?

Danksagung

Dieses Buch wäre ohne die Zahlen von 1 bis 100 nicht möglich gewesen – von der 61 vielleicht abgesehen, aber das ist meine persönliche Ansicht. Ich möchte all den Zahlen danken, und besonders danke ich ihren Agenten dafür, dass sie sie von anderen vertraglichen Verpflichtungen entbunden und ihnen erlaubt haben, in diesem Buch aufzutreten.

Einige der hier versammelten wundersamen und eigentümlichen Tatsachen wurden nur entdeckt, weil Richard Copley-Coltheart und Caroline Pegram eine Menge freie Zeit zur Verfügung hatten. Ich danke ihnen, dass sie sie diesem Buch gewidmet haben. Außerdem hat sich herausgestellt, dass Terry Gagan nicht nur einer der besten Mathematik-Vermittler Australiens, sondern auch ein großartiger Korrekturleser ist – vielen Dank.

Dank gebührt ebenso der bemerkenswerten Clare Forster für ihre geniale Mischung aus aufmunternden Worten, wohltuenden Ego-Massagen und der Weigerung, den Satz »Wissen Sie, ich habe eigentlich keine Zeit, ein Buch zu schreiben« als Antwort zu akzeptieren. Jude McGee danke ich dafür, dass sie das Internet und zahllose Nachschlagewerke durchforstet hat, der Lektorin Katie Purvis danke ich für ihren hohen Anspruch – der Jerry Seinfeld vor Scham erröten lassen würde – und Anna McAllan, die Leuten in den Hintern treten kann wie keine andere. Danke!

Und ich danke Jennifer Aniston – dieses Buch ist eine weitere Sache in meinem Leben, bei der sie keine bedeutende Rolle gespielt hat.

Literaturverzeichnis

Ash, Russell: 1001 Fakten, Zahlen und Rekorde. Würzburg 1999.

Becker, Udo (Hg.): Lexikon der Symbole. Freiburg 2000.

Bowker, John (Hg.): Das Oxford-Lexikon der Weltreligionen. Düsseldorf 1999.

Duncan, David Ewing: Der Kalender. Auf der Suche nach der richtigen Zeit. München 1999.

Das Guinness-Buch der Rekorde 1999.

Hoffman, Paul: Der Mann, der die Zahlen liebte. München 1999.

Panati, Charles: Universalgeschichte der ganz gewöhnlichen Dinge. München 1998.

Schimmel, Annemarie, u. Endres, Franz C.: Das Mysterium der Zahl. Zahlensymbolik im Kulturvergleich. 9. Aufl., München 1996.

Singh, Simon: Fermats letzter Satz. München 2000.

Wells, David: Das Lexikon der Zahlen. Frankfurt/Main 1990.